U0252642

Scratch少儿趣味编程108例

（全视频微课版）

当 被点击
显示
将大小设为 100 %
移到 x: 0 y: 0
重复执行 10 次
右转 30 度

方其桂 主 编
周松松 叶 俊 副主编

清华大学出版社
北 京

内容简介

本书以Scratch 3.6版本为基础，通过108个案例详细介绍了运用Scratch软件制作动画、游戏等趣味作品的方法，充分培养孩子的想象力和创造力。本书共分为9章，第1章概述Scratch下载、安装和运行的方法；第2章介绍创建背景和角色的方法；第3章讲解自上而下依次执行的顺序结构；第4章探究根据条件进行判断的选择结构；第5章讲述重复执行的循环结构；第6章介绍使作品变得更加丰富的"声音"与"画笔"模块；第7章分析使用变量和列表存储数据的方法；第8章阐述运算模块的相关知识；第9章探究运用积木的各种功能解决实际问题的方法。

本书可作为少年儿童的编程启蒙读物，也可供对Scratch编程感兴趣的读者学习参考，还可作为学校编程兴趣班及相关培训机构的教材。

本书封面贴有清华大学出版社防伪标签，无标签者不得销售。

版权所有，侵权必究。举报：010-62782989，beiqinquan@tup.tsinghua.edu.cn。

图书在版编目（CIP）数据

Scratch少儿趣味编程108例：全视频微课版 / 方其

桂主编. -- 北京：清华大学出版社，2024. 7(2025. 4重印). -- ISBN

978-7-302-66557-1

Ⅰ. TP311.1-49

中国国家版本馆CIP数据核字第2024CU9655号

责任编辑：李　磊
封面设计：杨　曦
版式设计：芃博文化
责任校对：孔祥亮
责任印制：丛怀宇

出版发行：清华大学出版社

网　　　址：https://www.tup.com.cn，https://www.wqxuetang.com
地　　　址：北京清华大学学研大厦A座　　　邮　　编：100084
社 总 机：010-83470000　　　邮　　购：010-62786544
投稿与读者服务：010-62776969，c-service@tup.tsinghua.edu.cn
质 量 反 馈：010-62772015，zhiliang@tup.tsinghua.edu.cn

印 装 者：三河市君旺印务有限公司
经　　销：全国新华书店
开　　本：170mm×240mm　　印　　张：22.75　　字　　数：498千字
版　　次：2024年7月第1版　　印　　次：2025年4月第2次印刷
定　　价：128.00元

产品编号：099497-01

前言

一、学习编程的意义

数字时代的到来正在悄然改变社会对人才的期待，促使我们重视培养孩子们运用计算思维解决实际问题的能力。如今，探索符合时代要求和孩子思维发展规律的教学方法，已成为教育领域的重要议题，而编程作为一种培养思维的有效方式，已经受到越来越多的重视。目前，许多省市已经将编程纳入中高考体系，各地也会定期举办各种编程比赛，以引导学生学习编程。编程不仅可以激发孩子的逻辑思维能力，还能训练他们养成利用计算思维解决复杂问题的习惯，使孩子具备适应和驾驭未来世界的能力。

使用Scratch软件可以进行"搭积木"式编程，这是儿童计算思维教育实践中的最佳工具之一。它可以创设丰富有趣的学习情境，让孩子在主动、乐学的氛围中，对程序的合理性、趣味性，以及前后的连贯性进行分析、规划、设计和制作，创造出一个个趣味盎然的小游戏或小动画。在程序制作的过程中，孩子们不仅得到观察能力、动手能力、逻辑推理能力、团结协作能力和社交能力的培养与提升，而且能够学会深入思考、有效表达，并激发创新思维。

本书由多位富有程序设计经验的一线教师、教研人员编写，旨在帮助孩子们从零开始逐步建立Scratch编程知识体系，从而更好地适应未来社会的发展。

二、本书结构

本书精心设计了9章内容，涵盖了108个生动有趣的编程案例，引领读者深入探索编程的奥秘，激发他们学习编程的热情与积极性。为便于读者更好地学习，书中设计了如下栏目。

♡ **案例分析：** 对每个案例需要解决的问题进行分析。

♡ **案例准备：** 对案例中需要使用的积木进行介绍，设计算法，明确解决问题的过程。

♡ **实践应用：** 每个案例都将任务细分成若干个更具体、更小的操作，并对操作步骤进行详细的介绍和说明，从而降低学习难度。

此外，本书针对案例中可能出现的易错点或疑难问题进行解释或补充，帮助读者深化理解、强化记忆，并巩固所学的编程知识。

三、本书特色

本书适合6岁及以上的少年儿童阅读，也可作为编程初学者的入门书籍，还适合作为学校创客课程的教材。为了充分调动读者学习的积极性，本书在编写时努力体现如下特色。

♡ **案例精彩：** 书中的每一个案例都融入了生动的情境，通过详细的分析和制作指导，巧妙地将思维训练和程序设计串联起来，从而激发读者的思考和学习兴趣。

♡ **图文并茂：** 在介绍案例的制作过程时，力求语言简洁明了，确保每一个步骤都能被轻松理解。为了更直观地展示内容，书中配备了插图，图文结合，让学习过程充满趣味性。

♡ **提示技巧：** 本书针对读者在学习过程中可能遇到的疑惑和困扰，以"答疑解惑"的形式为读者提供清晰的解答和实用建议，帮助读者在学习过程中少走弯路，更高效地掌握编程知识。

♡ **易于掌握：** 本书以案例为引导，知识点详略有度，内容编排逻辑清晰，难度设置合理。书中案例具备典型性、实用性，确保读者在实际操作中深化理解、提升技能。

四、配套资源

本书配有数字化教学资源，提供了案例素材、源程序、PPT课件和微课视频，读者可扫描下方二维码，将这些内容推送到自己的邮箱中，然后下载获取。读者也可扫描书中的二维码，借助微课在线学习，再进行实践操作。

源程序+课件　　　　微课视频 1　　　　微课视频 2

五、本书作者

本书由省级教研人员、一线信息技术教师组织编写，其中有2位正高级教师，其他作者也都曾获得全国、全省优质课评选奖项，他们长期从事信息技术教学方面的研究工作，而且具有较为丰富的计算机图书编写经验。

本书由方其桂担任主编，周松松、叶俊担任副主编。具体编写分工如下：第1、2章由童蕾编写，第3、4章由周松松编写，第5、7章由王军编写，第6、8章由叶俊编写，第9章由张青编写。随书配套资源由方其桂整理制作。

虽然作者团队有着十多年撰写编程方面图书(累计已编写、出版三十多本图书)的经验，并尽力认真构思验证和反复审核修改，但书中难免存在一些瑕疵。我们深知一本图书的好坏，需要广大读者去检验评说，在这里我们衷心希望您对本书提出宝贵的意见和建议。读者在学习使用过程中，对同样案例的制作可能会有更好的方法，也可能对书中某些案例的制作方法的科学性和实用性提出质疑，敬请读者批评指正。

方其桂

2024.1

目录

第3章 井井有条：顺序结构

第4章 千挑万选：选择结构

第5章 生生不息：循环结构

第6章 绘声绘色：声音与画笔

第7章 千变万化：变量与列表

第8章　神机妙算：运算模块

第9章　百炼成钢：综合实例

第1章

开天辟地：Scratch 基本操作

　　Scratch 是一种可视化的编程语言，它的界面直观、素材丰富、简单易学。通过 Scratch 我们可以制作动画、故事、游戏，模拟科学实验等。学习 Scratch 的第一步是掌握该工具下载、安装、运行的方法，而想要编写 Scratch 程序，还要了解界面的组成，学会添加、删除积木，让程序运行起来。

　　本章通过编写一些趣味小程序，介绍 Scratch 的基本操作，使读者在创作过程中体验游戏互动的乐趣。

🎓 学习内容

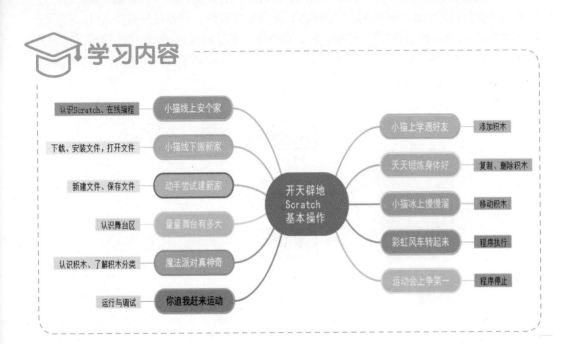

案例 **1**

小猫线上安个家

案例知识： 认识Scratch，在线编程

打开这本书，我们一起来认识一位新朋友——"小猫"，它的本领可大了，和它交朋友，会让你进入一个有趣、神奇的世界。通过用鼠标拖动积木进行组合、嵌套，就能让小猫陪我们玩有趣的小游戏、讲生动的故事等。那么，在哪里可以找到小猫呢？

小猫生活在一个叫Scratch的软件中，小猫的家有2个，一个在互联网上，一个在电脑中，今天我们一起来看看小猫是怎么在线上安家的吧！

1. 案例分析

在本案例中，先要找到小猫在网上的住址，然后注册使它成为正式的住户，小猫才能在网上真正拥有一个家。

想一想

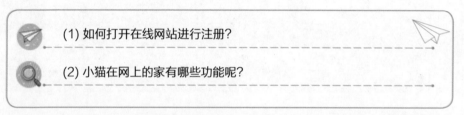

(1) 如何打开在线网站进行注册？

(2) 小猫在网上的家有哪些功能呢？

理一理　在Scratch中编写程序分为两种方式：一种是离线编程，需要下载软件，并在电脑中安装Scratch；另一种是在线编程，无须安装软件，只要打开网页就可以编写代码，作品还可以保存后在网站上分享。在本案例中，要了解Scratch在线编程可以实现哪些功能，Scratch在线编程的网站地址是什么，在线编程网站是怎样注册的，解决了这些问题，就可以实现在线编程了。

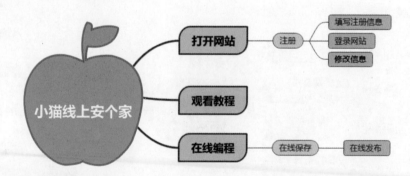

2. 案例准备

查找在线网站　目前Scratch官方网站无法正常打开，不过国内有许多在线编程网

站可以代替，如SCRATCH之家、少儿编程网等，同学们可以在这类网站上进行分享和交流。我们以SCRATCH之家网站为例，介绍如何进行在线编程。打开浏览器，在搜索引擎中输入关键词"scratch线上编程网站"并进行搜索，在搜索结果中选择合适的scratch在线编程网站，如图所示。也可以直接输入网址，如https://www.scratchers.cn/s/index，单击打开网站页面。

在线编程　在网站页面中，单击左上方的"创建作品"按钮，如图所示，即可进行在线编程。

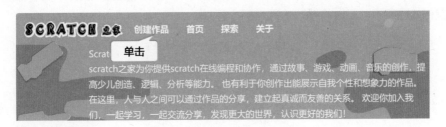

3. 实践应用

观看教程　打开在线编程页面，单击"教程"按钮，可以观看不同的教程，效果如图所示。刚开始接触Scratch的同学，可以选择入门类的教程观看学习。

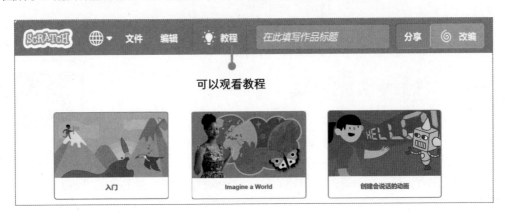

3

选择语言　打开在线编程页面，单击左边的⊕图标，出现下拉式语言选择菜单。在菜单中选择"简体中文"选项，可以将Scratch界面使用的语言设置为中文，操作如图所示。

在线保存程序　单击在线编程页面左上方的"文件"按钮，选择"立即保存"选项，操作如图所示，可以将编写的程序保存起来。

案例 2　小猫线下搬新家

案例知识：下载、安装文件，打开文件

小明想和小猫一起编写Scratch程序，但是在线网站忽然打不开了，无法进行编程操作，小明看书找资料、到处询问，想找到打开Scratch的方法，帮助小猫找到家。

亲爱的伙伴们，你们知道吗？只要把Scratch安装在你的电脑上，就如同为小猫搭建了一个温暖的新家，快来试试吧！

1. 案例分析

为了给小猫搬家，我们需要先在网上找到小猫的家，然后将其完整打包并迁移至我们的电脑中。

想一想

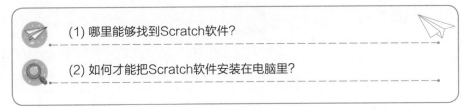

(1) 哪里能够找到Scratch软件？

(2) 如何才能把Scratch软件安装在电脑里？

理一理 在本案例中，首要任务是找到小猫的家，即Scratch软件。找到软件后，可先下载软件，再将其安装到电脑中，这样小猫的家就搬到我们的电脑中了。

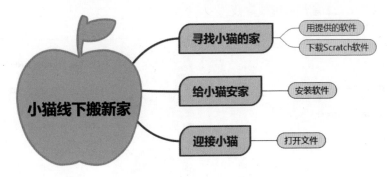

2. 案例准备

准备软件 大家在下载软件时一定要寻找有一定知名度的网站，以避免潜在的安全风险。例如，以"Scratch 3安装包"为关键词，在网络上直接搜索Scratch软件，这种方法对信息辨别能力要求较高，稍有不慎就会下载到一些伪装的流氓软件或病毒，所以我们应确保从官方或可信赖的网站下载。

其他方法 如果你想使用最新版本的Scratch，还可以在Microsoft Store(微软应用商城)中搜索下载。进入Windows，按图所示操作，下载Scratch 3软件。

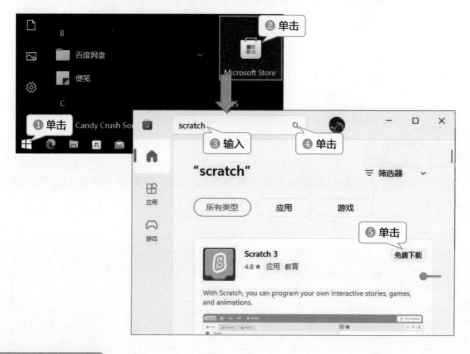

3. 实践应用

安装Scratch 双击圆图标，打开软件安装界面，根据提示进行安装，按图所示操作，即可安装Scratch离线编程软件。

打开Scratch 双击 🅂 图标，运行程序，打开Scratch 3软件，其界面如下图所示。

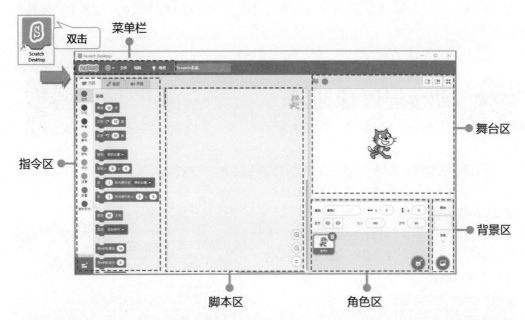

认识界面 Scratch 3软件界面分为多个区域，观察每一个部分，尝试了解不同区域的功能和用途。

打开文件 选择"文件"菜单，按图所示操作，打开"我请小猫来安家.sb3"文件，单击 🏳 图标，运行程序，请出小猫，看看小猫说了些什么？

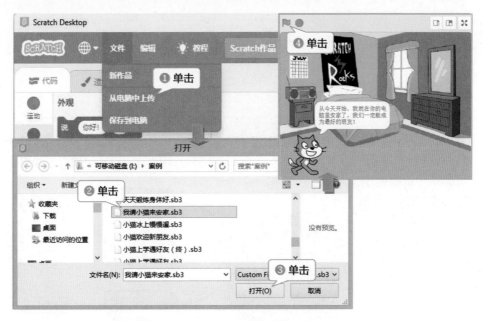

答疑解惑 Scratch软件除了可以在微软应用商店中下载，国内多个"软件管家"或

"应用商店"中，也都提供了纯净无毒的Scratch安装包，在这些地方搜索下载，不仅下载速度快、操作简单，而且基本不会捆绑其他软件，相比直接在网页中搜索会更加安全和方便。

案例 3 动手尝试建新家

案例知识：新建文件、保存文件

小猫已经顺利地将Scratch软件安装到了电脑中，它准备给自己创建一个"新家"，

在空白的"新家"里摆放各式漂亮的家具，挂上装饰画，并邀请小朋友来参观"新家"。装扮好"新家"后，小猫还想将"新家"保存在电脑中。接下来，就一起来帮助小猫创建"新家"吧！

1. 案例分析

根据题意，本案例要在Scratch软件中为小猫创建一个"新家"，并将小猫的"新家"保存在电脑中。

想一想

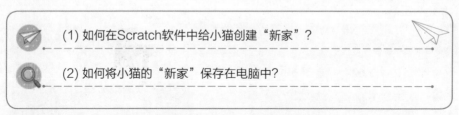

(1) 如何在Scratch软件中给小猫创建"新家"？

(2) 如何将小猫的"新家"保存在电脑中？

理一理　本案例要给小猫的"新家"创建一个动画效果。首先需要运行Scratch软件，认识软件界面的各个组成部分；然后为小猫新建一个作品，当作小猫的"新家"，并为"新家"选择合适的背景，编写小猫邀请小朋友参观的脚本代码。请根据分析，将自己思考的结果填写在横线处。

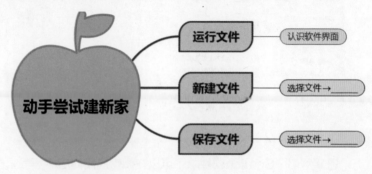

动手尝试建新家

运行文件 —— 认识软件界面

新建文件 —— 选择文件→_____

保存文件 —— 选择文件→_____

2. 案例准备

打开软件　双击电脑桌面上的🅾图标，运行Scratch软件。

选择积木　"当▧被点击"属于事件类积木，使用该积木意味着可以单击"绿旗"图标▧，运行程序；"说……2秒"属于外观类积木，该积木可以实现角色的对话，对话的默认时间为"2秒"。

3. 实践应用

新建文件　选择"文件"菜单中的"新作品"命令，为小猫创建一个"新家"，如图所示。

添加背景　单击"上传背景"按钮，从背景库中选择Bedroom 1图片作为小猫"新家"的背景，如图所示。

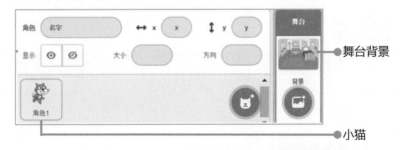

编写角色脚本　选择角色"小猫"，分别在事件类积木中拖动"当▧被点击"、在外观类积木中拖动"说……2秒"，按图所示操作，编写邀请小朋友参观小猫"新家"的脚本。

保存文件 查看程序运行效果，选择菜单"文件"→"保存到电脑"命令，以"动手尝试建新家.sb3"为名，保存文件。

答疑解惑 在Scratch软件中，如果一个程序文件已经保存过，再次选择菜单"文件"→"保存到电脑"命令时，依然会出现"另存为"对话框，此时既可以重新命名保存，也可以重新选择存储位置保存。对于需要经常进行保存操作的作品，可以单独设立文件夹存放，便于查询和修改。

案例 4	量量舞台有多大
	案例知识：认识舞台区

今天是大森林文艺晚会的彩排时间，小猫作为舞台总监提前来到演出现场，准备量一量舞台的大小。为了保证测量的准确，它从舞台中心出发，向舞台的右边走，看看舞台的边界在哪里，算算舞台的宽度是多少。大家猜猜小猫的晚会舞台究竟有多大呢？

1. 案例分析

根据题意，本案例要在Scratch软件中为小猫测一测舞台有多大，并通过小猫在舞台上的行走，尝试算出舞台的宽度。

想一想

 (1) 如何让小猫向右走？

 (2) 舞台宽度和高度是多少？

理一理 本案例要创建让小猫在舞台上往不同方向行走的动画效果，首先需要运行Scratch软件，然后打开"量量舞台有多大"案例，尝试运行一下，看看小猫能走到舞台的什么位置，了解舞台的大小。尝试调整小猫每次前进的步长，看看小猫会不会走出边界。请根据分析，将自己思考的结果填写在横线处。

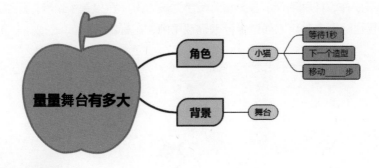

2. 案例准备

打开软件　双击 圖图标，运行Scratch软件，如图所示操作，打开"量量舞台有多大.sb3"文件。

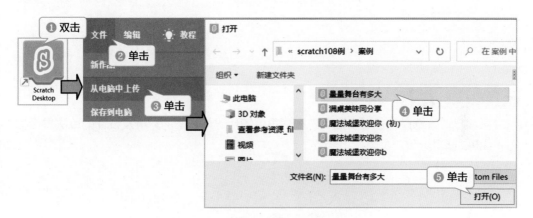

算法设计　本案例的关键是小猫不断往舞台右边走，为了实现这个不断重复的动作，要用到"重复执行10次"积木。解决问题的思路如图所示。

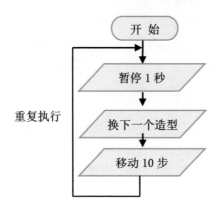

11

认识舞台区　舞台区是角色表演的地方，在舞台的上面有几个按钮，左侧的小绿旗是运行程序，红色按钮是停止程序。单击舞台右侧的3个小图标可对舞台区进行缩小、默认、全屏显示操作，如图所示。Scratch舞台为长方形，宽度是480步，高度是360步，舞台的中心是坐标原点，可以通过坐标来确定角色和鼠标的位置。

3. 实践应用

观察代码　选择角色"小猫"，观察角色的代码与前面的分析及设计的算法是否相符，代码如图所示。

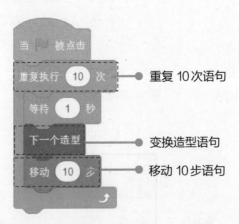

测试程序　单击舞台区上方的▶图标，测试程序，观察程序的执行结果，看看会出现什么问题。原来小猫跑着跑着，跑到舞台的偏右边了。算一算，小猫一共重复移动了10次，每次移动10步，合在一起是100步。在角色区的右边，可以看到小猫的x坐标后面的值是100，如图所示。

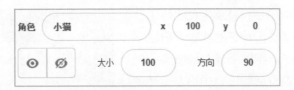

测量舞台边界　在"小猫"角色的代码中，选择"重复执行10次"，将"10"改为"12"，将"移动10步"积木中的"10"改为"20"。单击舞台区上方的▶图标，测试程序，小猫跑到了舞台的边界，效果如图所示。

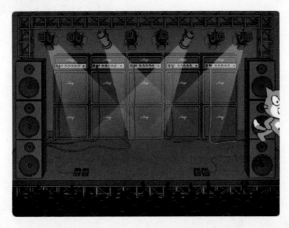

答疑解惑　Scratch中舞台区的右上方有3种视图模式图标，如图所示，可以调整舞台区布局的大小，这3种视图模式分别是缩略模式、默认模式、全屏模式。Scratch启动后为默认模式，如果想要扩大脚本区，可以选择缩略模式，舞台区会变得很小；单击全屏模式，舞台会扩展为全屏。此时，舞台区的右上角会出现按钮，单击它可以退出全屏模式。

案例 5

魔法派对真神奇

案例知识：认识积木、了解积木分类

今天是小猫的生日，它特意邀请小鸭子来参加生日派对。派对现场布置得好漂亮啊！沿着紫色的地毯走进会场，五彩缤纷的气球门呈现在眼前。小猫还准备了一个香甜

的巧克力蛋糕和小鸭子一起分享生日的快乐。小鸭子给小猫准备了一份神奇的礼物，只见它一挥手，空中出现了一根魔法棒，魔法棒不停地旋转，一边转一边变换颜色，小猫看到神奇的表演，开心地叫了起来。你们知道小鸭子是怎样变魔法的吗？

1. 案例分析

根据题意，在Scratch软件中小鸭子要让魔法棒不停变换颜色，同时还要旋转，小猫要开心地发出"喵"的叫声。

想一想

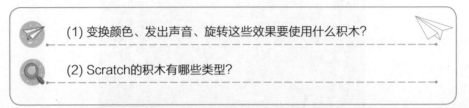

(1) 变换颜色、发出声音、旋转这些效果要使用什么积木？

(2) Scratch的积木有哪些类型？

理一理　本案例要创建让魔法棒不停变换颜色并不断旋转的动画效果，需要运行Scratch软件，打开"魔法派对真神奇(初)"案例，尝试运行一下，看看小猫在看到魔法棒的效果后是怎样的反应。请根据分析，思考本案例使用了哪些积木。

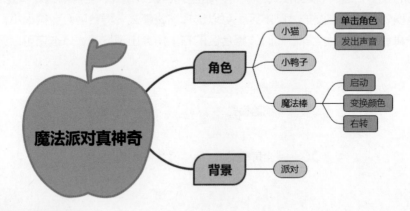

2. 案例准备

打开软件　双击◎图标，运行Scratch软件，打开"魔法派对真神奇(初).sb3"文件。

算法设计　本案例的关键是魔法棒执行的代码，当程序运行时，魔法棒的颜色不断变化并向右旋转。为了实现不断重复的动作，采用了"重复执行20次"积木。解决问题的思路如图所示。

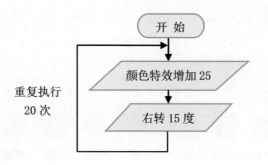

3. 实践应用

观察代码 选择角色"魔法棒"，观察角色的代码，找到重复执行和变换颜色的积木，积木的功能如图所示。

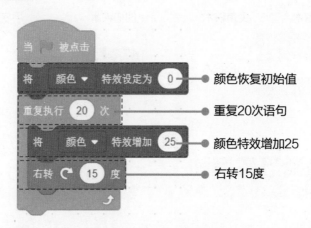

修改代码 如果想让魔法棒旋转一周回到原来的位置，可以将"重复执行20次"中的"20"修改为"24"，操作如图所示。

编写角色代码 选择角色"小猫"，根据前面的分析编写代码，如图所示。

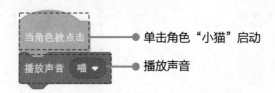

测试程序 单击舞台区上方的 ▶ 图标，测试程序，观察程序的执行结果。

保存文件 将文件名改为"魔法派对真神奇.sb3"，重新保存。

答疑解惑　Scratch中的积木，根据作用(颜色)的不同可分为9类，如图一所示，功能相近的积木放在同一个分类中，便于快速查找；按照形状不同，可分为6类，如图二所示，它们可以连接、放置其他不同形状的积木。

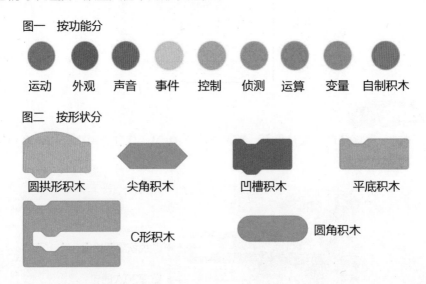

图一　按功能分

运动　外观　声音　事件　控制　侦测　运算　变量　自制积木

图二　按形状分

圆拱形积木　　尖角积木　　凹槽积木　　平底积木

C形积木　　　　圆角积木

案例 6　你追我赶来运动

案例知识：运行与调试

春天到了，空气特别清新。小猫打算在草地上慢跑，锻炼身体。河马看到小猫跑得很快，它立刻运用魔法给自己加上一对绿色的翅膀，飞到空中与小猫你追我赶地比赛。猜猜看，到底是谁更快呢？

1. 案例分析

在本案例中，小猫在草地上跑步锻炼，河马看到小猫跑步，立刻扇动翅膀在空中飞行，努力追赶小猫前进的步伐。

想一想

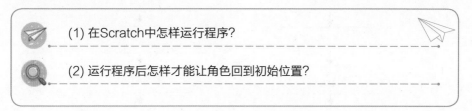

(1) 在Scratch中怎样运行程序？

(2) 运行程序后怎样才能让角色回到初始位置？

理一理　根据题意，需要在Scratch软件中打开案例进行运行和调试，因此需要了解在Scratch中怎样打开文件。难点是，刚刚接触Scratch，不了解各种代码的功能，只有通过逐步调试的方法初步建立对Scratch软件的直观感受。

2. 案例准备

打开文件　运行Scratch，打开"你追我赶来运动.sb3"文件。

观看脚本　打开文件后，仔细观察小猫和河马的代码构成，以及各积木对应的程序设计思路，如图所示。

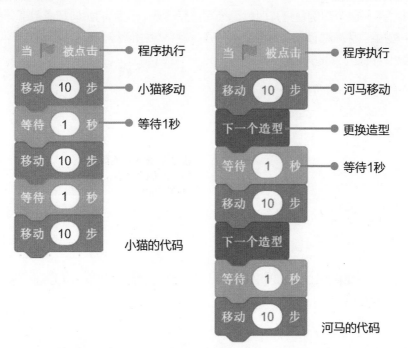

算法设计　本案例的算法结构比较复杂，核心算法由3个部分组成，分别用来实现"角色移动""变换造型"与"角色等待"等功能。

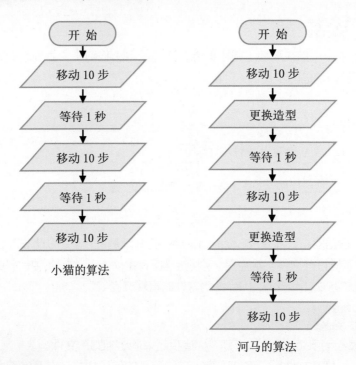

小猫的算法

河马的算法

3. 实践应用

调试程序　这个案例在打开时就已经写好了代码，但我们如何知道各部分的功能是否能够正常执行呢？我们可以先将积木分开，逐个单击运行，看看执行的结果，确认积木有没有出现问题，如图所示。

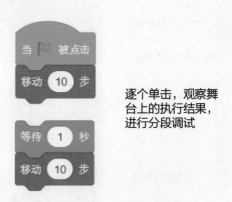

逐个单击，观察舞台上的执行结果，进行分段调试

修改代码　如果想让小猫走得快一点，产生你追我赶的效果，可以将"移动10步"中的"10"改为"20"，操作如图所示。

修改

保存文件 再次运行、测试程序，重新保存。

答疑解惑 想要自己动手在 Scratch 中编写程序，创编动画故事，让角色动起来，就必须根据故事的构思，为角色编写代码，再对编写的程序进行调试，然后不断修改直到达到预期效果。编写程序的流程可以分为如下 5 个步骤。

确定内容 → 选定角色 → 编写代码 → 调试程序 → 保存文件

案例 7 **小猫上学遇好友**

案例知识：添加积木

开学了，小猫高兴地来到学校，在学校门口它遇到了自己的好朋友小狗。一个暑假未见面的好朋友聚在一起分外开心。猜一猜，小猫和小狗会说些什么呢？

1. 案例分析

小猫在学校门口遇到了小狗，它们首先会相互问好，然后小猫会和小狗说出它见到好友的心情。

想一想

(1) 小猫和小狗是怎样对话的？

(2) 怎样选择并添加合适的积木？

　　理一理　本案例要实现小猫和小狗的对话，可以通过拖动不同的积木，再通过修改积木中的等待时间，让它们的对话有序地切换，以达到对话效果。难点是角色的对话要做到衔接，这需要通过事先计算并调试等待时间的数值来实现。本案例涉及的积木有"外观"模块中的"说……秒"和"说……"，以及"控制"模块中的"等待……秒"。

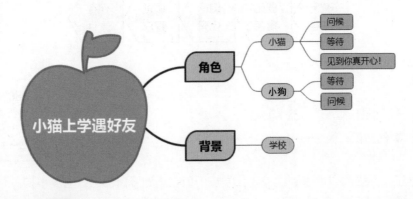

2. 案例准备

　　添加积木　打开案例后，选中角色"小猫"，将"外观"模块中的"说 你好！ 2秒"积木拖入脚本区，让角色说话，操作步骤如图所示。

　　算法设计　本例的关键是在小猫问候小狗以后，暂停2秒等小狗说话，然后小猫再次对小狗说话。解决问题的思路如图所示。

3. 实践应用

　　小狗等待2秒　选择角色"小狗"，为了避免小猫说话的时候小狗同时回应，我们可以让小狗等待小猫说完话后再说出"你好！"。将"控制"模块中的"等待1秒"积木拖入脚本区，并修改等待的参数值为2秒，如图所示。

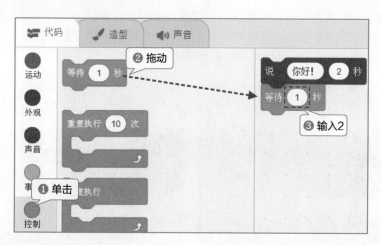

　　小狗回复　选中角色"小狗"，将"外观"模块中的"说 你好！"积木拖入脚本区，让小狗说"你好！"，回复小猫的问候。

　　小猫等待2秒　选择角色"小猫"，为了避免小狗说话的时候小猫同时回应，我们可以让小猫等待小狗说完话后再说出第2句，将"控制"模块中的"等待1秒"积木拖入脚本区，并修改等待的参数值为2秒。

　　完善小猫脚本　选中角色"小猫"，将"外观"模块中的"说 你好！"拖入脚本区，并将"你好！"修改为"见到你真开心！"，表达小猫遇到好友时高兴的心情。

　　测试程序　单击舞台区上方的🏴，测试程序。小猫和小狗互相问好了吗？程序如果没有执行，是遇到什么问题了呢？

　　答疑解惑　在Scratch中，想要执行程序，需要在脚本的第一步就添加"事件"模块中的"当🏴被点击"积木，这样程序才能一步步向下执行。本案例中"小猫"和"小狗"的脚本中都要添加它为第一块积木，它们的对话才能进行，否则程序一直处于不执行状态。"小猫"和"小狗"的完整代码如图所示。

"小猫"脚本

"小狗"脚本

案例
8

天天锻炼身体好

案例知识：复制、删除积木

春天到了，天气暖和了，小草露出了嫩芽，柳树一片翠绿，空气中散发着花香和清新的草木味道。早晨艾米莉出门踏青，来到绿色的田野里，呼吸着新鲜的空气，每天在这样的环境中散步锻炼，对身体是非常有益的。

1. 案例分析

艾米莉来到郊外，出现在舞台区的左边，当执行程序后，她会有规律地前进，逐渐走向舞台区的右边。想实现这样的效果，请思考下面的问题。

想一想

 (1) 实现艾米莉散步的效果需要用到哪些积木？

 (2) 艾米莉散步的代码有什么规律吗？

理一理　本案例要实现艾米莉散步的效果，可以在角色的脚本中添加代码，让艾米莉不断移动。难点是角色的代码是不断重复执行的，在没有学习循环命令的情况下，修改前进的步数是非常麻烦的。我们可以先修改积木中的数值，再通过复制积木的方法来实现，不断重复地执行相同的命令。

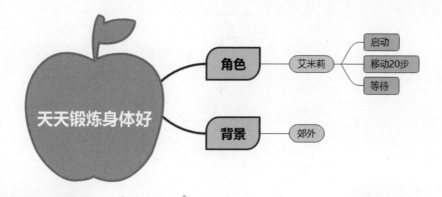

2. 案例准备

复制积木　移动鼠标到需要复制的积木上方，选择"复制"命令，此时选中的积木周围会出现浅灰色的区域，保持这种积木浮动的状态下，拖动积木到原来积木的下方，复制积木就完成了，如图所示。

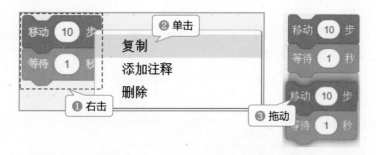

删除积木　如果要删除多块积木，将鼠标移动到要删除的第一块积木上，直接拖到左边的代码区就可以一次性完成。如果要删除单个积木，在该积木上右击弹出快捷菜单，单击选择"删除"命令即可，如图所示。

算法设计　本案例的关键是在艾米莉每次移动10步后，暂停1秒，后面只要重复这两个步骤就可以了，将移动10步和暂停1秒的代码通过复制、粘贴4次后，艾米莉就能从舞台的左侧走向右侧，形成散步的效果，如图所示。

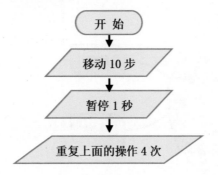

3. 实践应用

启动程序　选择"事件"模块中的"当▶被点击"积木，拖入脚本区。

艾米莉移动　选中角色"艾米莉"，将"运动"模块中的"移动10步"积木拖入脚本区。

等待1秒　为了使艾米莉散步的效果更加逼真，将"控制"模块中的"等待1秒"积木拖入脚本区。

复制积木　选中"移动10步"和"等待1秒"，右击弹出快捷菜单，选择"复制"命令，拖入脚本区被复制的积木下方。

继续复制积木　重复3次复制积木的操作，依次拖入脚本区被复制的积木下方，完成艾米莉散步的脚本，如图所示。

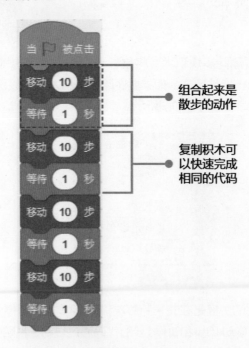

测试程序　单击舞台区上方的█图标，测试程序，艾米莉一共移动了4次。想一想，通过复制积木虽然可以快速完成代码，但是有没有多余的积木需要删除呢？

答疑解惑　在Scratch中，拖动一个积木到另一个积木，如果2个积木可以组合，则顶部积木的下方将出现一个灰色组合的提示。当松开鼠标，2个积木就会像磁铁一样自动吸在一起，从而完成积木的组合。如果2个积木不能拼接在一起，把它们放在一起，则不会有提示效果。此外，我们可以根据积木的形状来判断，与乐高积木类似，有些积木上面凹下去，下面凸出来，从而使积木可以组合在一起，如图所示。

可以组合的积木

不可以组合的积木

案例 9　小猫冰上慢慢溜

案例知识：移动积木

下雪了，树上、屋顶、地上……到处都是白茫茫的一片，似一幅优美的画卷。雪落在原野，犹如给广阔的原野披上了晶莹的新妆，像一层层厚厚的棉絮。小猫走出家门，小心翼翼地在冰上溜了起来，真开心啊！

1. 案例分析

冰面上非常光滑，小猫刚开始走得很快，很容易滑倒，所以它变得小心翼翼，一步一步地在冰上慢慢地溜。

想一想

(1) 开始时小猫是按照什么速度走的？

(2) 怎样才能让小猫慢慢地在冰上滑动？

理一理　在本案例中，小猫在冰上行走的脚本已经写好，通过观察发现小猫的行走速度太快。为了体现小猫真实的行走状态，我们可以在它移动的积木前后加上转换角度的积木，再增加一个"等待1秒"积木，这样才能更好地模拟小猫一步一步慢慢往前走的状态。难点是，需要移动原有的积木，添加新的积木，并修改原有积木的数值才能实现。本案例涉及的积木有"运动"模块中的"右转……度""左转……度"和"控制"模块中的"等待……秒"等。

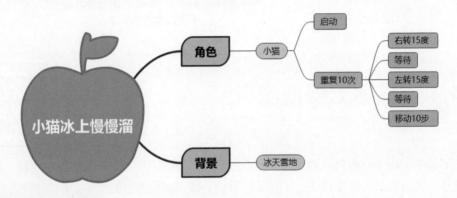

2. 案例准备

选择积木　打开"小猫冰上慢慢溜(初).sb3"文件，小猫的代码中用到了"重复执行10次"积木，它属于"控制"模块中的积木，拖动其他积木到该积木中，如"等待1秒"和"移动10步"，如图所示，就可以实现小猫不断移动的效果。

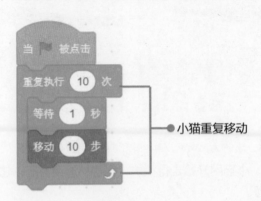

小猫重复移动

移动积木 在对脚本进行修改前，选中角色"小猫"，将脚本区要修改的代码从"重复执行10次"积木中拖动出来，移到旁边的空白处，准备添加积木，操作步骤如图所示。

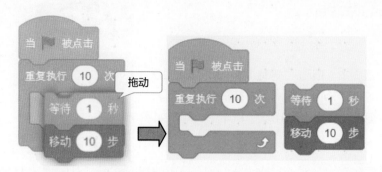

算法设计 本案例的关键是小猫在等待1秒后，增加一个"右转15度"积木，再等待1秒后，增加一个"左转15度"积木，然后将原来的积木拖到下面，合在一起后拖到"重复执行10次"积木中。解决问题的思路如图所示。

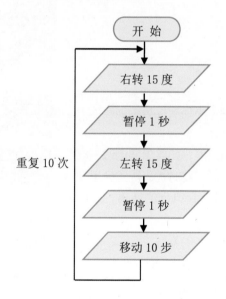

3. 实践应用

小猫右转 选择角色"小猫"，拖动"运动"模块中的"右转15度"积木到脚本区的空白处，将"控制"模块中的"等待1秒"拖入"右转15度"积木下方，如图所示。

27

小猫左转 拖动"运动"模块中的"左转15度"积木，将其放在"控制"模块的"等待1秒"积木下方，结果如图所示。

完善小猫脚本 拖动"等待1秒"和"移动10步"积木到"左转15度"积木下方并拼合在一起，将所有积木拖入"重复执行10次"积木中，脚本如图所示。

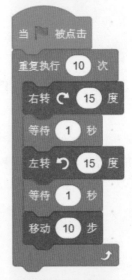

测试程序 运行程序，小猫摇摇晃晃地在冰上溜了起来。

答疑解惑 在Scratch中，如果想要调试一部分代码，可以单击这段代码，此时代码周围会呈现一圈黄色，在舞台区可以看到执行的结果，如图所示。

单击代码，观察执行结果

案例 **10** **彩虹风车转起来**
案例知识：程序执行

在一片荒凉的土地上，有一架古老的大风车。小猫问小猴："为什么风车这么旧了，还不把它拆掉？"小猴告诉小猫："传说中这里只要刮起风、下一场雨，旧风车就会变成很漂亮的彩虹风车，沙漠也会变成绿洲。"果然，传说实现了，雨后的大地苏醒了，树枝长出了嫩芽，彩色的风车也转动起来。

1. 案例分析

小猫、小猴站在一片荒地上，它们正在谈论关于风车的传说。怎样才能实现彩虹风车转起来的效果呢？

想一想

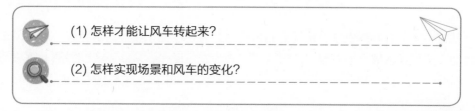

(1) 怎样才能让风车转起来？

(2) 怎样实现场景和风车的变化？

理一理 在本案例中，要实现风车转起来的效果，我们可以在彩虹风车的脚本中添加代码，让风车每隔一段时间就转动一个角度。当程序执行一次后，风车的位置和背景会发生变化，所以可以先修改脚本，再单击 🚩 图标执行程序。

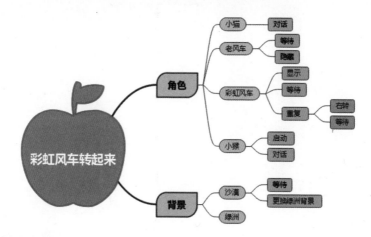

2. 案例准备

选择积木 打开"彩虹风车转起来(初).sb3"文件，观察彩虹风车的代码，代码中使用了"当▐被点击"积木，它属于"事件"模块中的积木。在编写程序时，可以通过单击程序执行积木进行调试，彩虹风车的脚本如图所示。

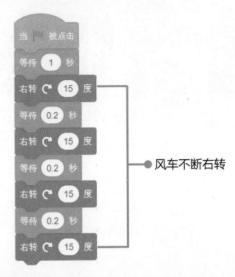

算法设计 在本案例中，程序开始执行后，等待小猫和小猴对话完毕，彩虹风车开始转动，实现童话故事的效果，此时背景也同步发生变化，从沙漠变成绿洲。解决问题的思路如图所示。

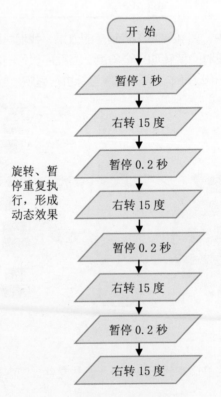

3. 实践应用 👆

修改小猫脚本 选择角色"小猫"，在原有的脚本中进行修改，编写小猫的对话，如图所示。

输入对话

修改小猴脚本 选中角色"小猴"，对原有的脚本进行修改，编写小猴回答小猫的对话。为了呈现小猴在小猫提出问题后再回答，将等待的时间改为2秒，参考脚本如图所示。

等待时间为2秒

修改老风车脚本 选中角色"老风车"，在原有的脚本中进行修改，将老风车等待的时间改为2.5秒，在小猴说话的时候隐藏老风车，参考脚本如图所示。

等待时间为2.5秒

执行程序 单击舞台区上方的 ▶ 图标，调试程序，查看角色之间的对话，以及风车、背景的切换效果，单击舞台区上方的 ● 按钮停止程序。

答疑解惑 在刚才的调试中，会发现彩虹风车的等待时间太短，小猫和小猴的对话还没讲完，风车就转动了，所以要将等待时间改为3秒。为了保证老风车还没消失前彩虹风车不会出现，可以在"等待3秒"前增加"隐藏"积木，在"等待3秒"后增加"显示"积木，脚本如图所示。

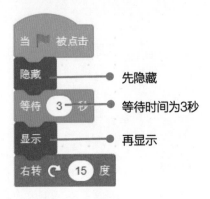

先隐藏

等待时间为3秒

再显示

案例 11 运动会上争第一

案例知识： 程序停止

在一个阳光明媚的日子里，森林运动会开始了，运动会的比赛项目可多了，有跳高、跳远、举重……而最受大家关注的要数100米短跑决赛了。比赛还没开始，三位选手已早早在跑道上做好了准备，小猫、小狗和大公鸡正待枪响，你们猜最后谁能得到冠军呢？

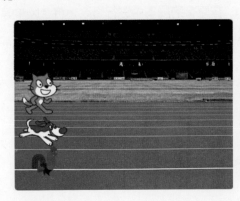 

1. 案例分析

小猫、小狗和大公鸡都站在跑道上，准备在100米决赛中一较高低。比赛开始，三只小动物努力向前奔跑，直到冲过终点。

想一想

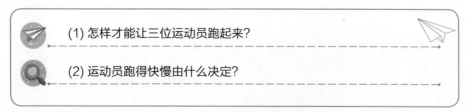

(1) 怎样才能让三位运动员跑起来？

(2) 运动员跑得快慢由什么决定？

理一理 在本案例中，要实现三个动物一起奔跑的效果，我们可以在角色的脚本中添加代码。角色的代码是不断重复执行的，只要修改动物每次前进的步长，就可以调整跑步的速度。当程序开始执行后，角色没有办法自己停止，只能通过单击舞台区上方的●图标来实现。

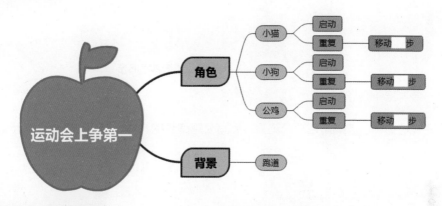

2. 案例准备

选择积木 打开案例，小猫的代码中使用了"重复执行"积木，在程序开始执行后，通过单击舞台区上方的●图标让小猫停下来。

算法设计 在程序开始执行后，小猫重复地执行"移动7步"，让小猫不断地移动形成跑步的效果，如图所示。

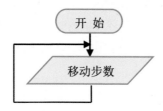

3. 实践应用

调整小猫速度 选择角色"小猫"，根据前面的分析及设计的算法，观察小猫的脚本，将小猫的移动步数改为7步，如图所示。

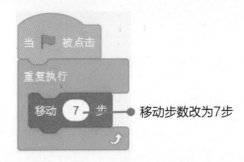

移动步数改为7步

编写小狗脚本 选择角色"小狗",编写小狗跑步的脚本,参考脚本如图所示。

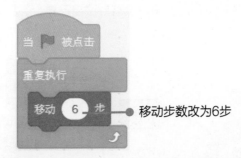

移动步数改为6步

编写公鸡脚本 选择角色"公鸡",编写公鸡跑步的脚本,参考脚本如图所示。

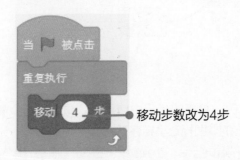

移动步数改为4步

测试程序 调试程序,观察哪个动物跑得最快,查看程序运行效果。当跑得最快的动物已经接近舞台边缘时,赶紧单击舞台区上方的●图标,停止程序。

答疑解惑 在Scratch中,当程序还没执行时,"程序停止"图标是灰色的;当程序已经开始执行时,"程序停止"图标恢复正常,可以使用,如图所示。

程序没执行时　　程序已经执行时

第 2 章

主角登场：添加背景和角色

通过前一章的学习，我们已经掌握了下载、安装、运行 Scratch 的方法，但这只是学习 Scratch 的第一步。要真正利用编程去解决实际问题，还需要在 Scratch 中设置背景、创建角色，让我们的主角登场。

本章将通过多个案例，探究创建背景和角色的各种方法，制作出有趣的动画故事和游戏等，使我们在创作过程中体验编程的乐趣。

学习内容

动物朋友齐登场

案例知识：新建角色

森林世界杯足球赛开幕了，所有的动物都欢呼雀跃，期待这场足球盛宴。可爱的小猫想和它的好朋友们组队，争取赢得冠军。在正式比赛前，小猫邀请了小猴、小狗、鹦鹉、鸭子和大公鸡一起来练习踢球，并进行一场友谊足球赛，比赛的过程中增进了队员间的默契和友谊。

1. 案例分析

在本案例中，小猫想让它的好朋友们一起出现在足球场上，怎样才能把不同的角色邀请到Scratch的舞台上呢？

 想一想

    (1) Scratch中默认的角色是谁？

    (2) 怎样才能让不同的角色出现在舞台上？

理一理   本案例为小猫在足球场上准备踢球的场景。小猫想邀请小猴、小狗、鹦鹉、鸭子、大公鸡一起踢球，因此需要添加其他动物到场景中。

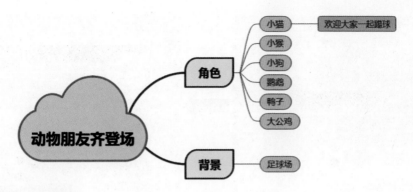

2. 案例准备

　　新建角色　Scratch一共有4种新建角色的方式，如果想要使用角色库中自带的角色，单击"选择一个角色"按钮添加即可，如图所示。

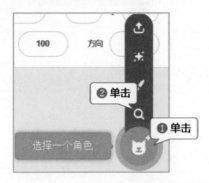

　　打开案例　运行Scratch软件，打开"动物朋友齐登场(初).sb3"文件，操作步骤如图所示。

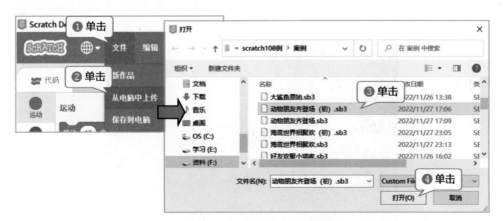

　　调整位置　单击选中舞台区中的小猫，把它拖到足球场靠近中间的位置；单击选中舞台区中的足球，把它拖到足球场靠近右下方的位置，如图所示。

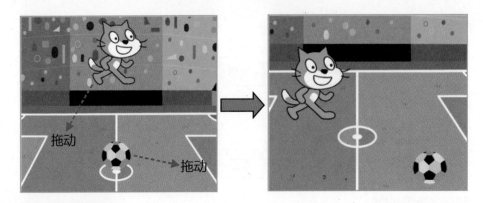

3. 实践应用

　　小狗登场　单击"选择一个角色"按钮，打开角色库，在搜索框中输入Dog。在搜索结果中选择合适的角色，单击即可成功添加，如图所示。

　　邀请其他好友　继续单击"选择一个角色"按钮，按照选择小狗的操作方法，添加其他角色，效果如图所示。

保存文件　按图所示操作，将文件名保存为"动物朋友齐登场.sb3"。

案例 13　海底世界相聚欢

案例知识：删除、添加角色

　　海底是一个景色奇异、美丽而又奇妙的世界，那里有各式各样的生物，庞大的鲸鲨慢悠悠地游动、小丑鱼和水母开心地嬉戏、刺豚鼓着嘴像只小刺猬、海星正在和梭子蟹打招呼，海洋里的植物也非常多，珊瑚的形状各种各样，有的像树枝，有的像花朵……大家在海底相聚好开心啊，让我们用Scratch再现这一欢乐的场景吧！

1. 案例分析

　　在本案例中，海底世界的主角是各种各样的海洋生物，有自由自在的鱼类、龙虾、海星，还有令人害怕的鲨鱼。在Scratch中，默认的角色是小猫，怎样才能删除默认角色，呈现出生活在海底世界的动物朋友呢？

想一想

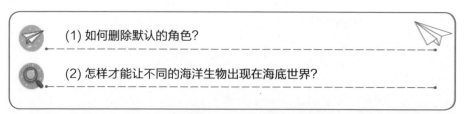

(1) 如何删除默认的角色？

(2) 怎样才能让不同的海洋生物出现在海底世界？

理一理　本案例中的各类海洋生物都可以在角色库中找到，使用"选择一个角色"打开角色库添加新角色即可。为了增加小动物们的欢聚气氛，可以让小螃蟹横着走几步，用"运动"模块中的"移动10步"积木就可以实现；海星说话则可以用"外观"模块中的"说……"积木来实现。

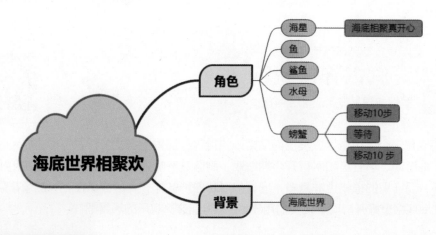

2. 案例准备

打开文件　运行Scratch软件，打开"海底世界相聚欢(初).sb3"文件，效果如图所示。

删除角色　Scratch中默认的角色是"小猫"，本案例中首先要删除"小猫"角色。单击角色区"小猫"右上角的 🗑 图标，小猫便会从舞台上消失，角色被删除，如图所示。

单击删除角色

3. 实践应用

打开角色库 单击角色区右下方的 "选择一个角色"按钮，打开角色库，在"动物"分类中选择对应的角色，操作如图所示。

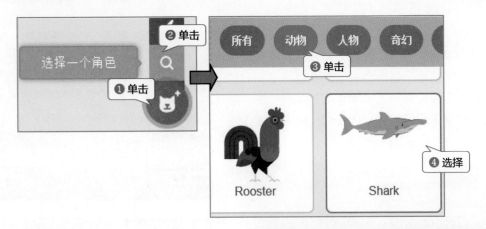

添加其他角色 按照同样的方法，在角色库的搜索框中依次输入Jellyfish、Starfish、Crab、Fish，在显示的结果中选择合适的角色并添加。调整好所有海洋生物的位置，效果如图所示。

保存文件 将文件名更改为"海底世界相聚欢.sb3"，保存文件。

答疑解惑 添加角色包含4种方式：①"选择一个角色"是在默认的角色库中选择添加角色；②"绘制"是在绘制面板中绘制一个角色；③"随机"是系统随机从角色库中选择一个角色；④"上传角色"是用户将自己准备的素材上传到Scratch中作为角色。

案例
14 **欢乐摇滚音乐会**
案例知识：更改、上传角色

咚、咚、咚、咚……随着一连串节奏鲜明的鼓声响起，摇滚音乐会即将开始。舞台上摆放了很多乐器，音乐会一切都准备好了，一位女歌手出现在舞台上，手拿话筒高歌一曲，然后宣布音乐会开始了！让我们一起来欣赏这场激动人心的摇滚音乐会吧！

1. 案例分析

打开Scratch后，小猫就会出现在舞台上，在本案例中怎样才能把小猫换成歌手呢？歌手这个角色并不在角色库中，那么她又是怎么出现在舞台上的呢？我们先来思考下面的问题。

想一想

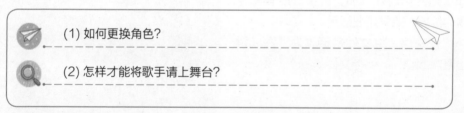

(1) 如何更换角色？

(2) 怎样才能将歌手请上舞台？

理一理　在本案例中，要实现摇滚女歌手在舞台上宣布"音乐会开始了！"的效果，需要先删除默认的小猫角色，再通过"上传角色"的方式，将电脑中的歌手图片导入舞台中。难点是，歌手的大小和位置需要安排，需要多次调试角色的大小数值，才能使其刚好站在舞台中心。

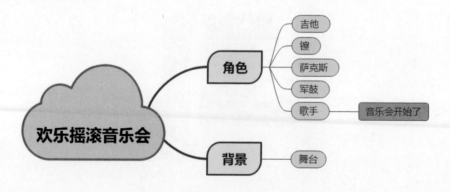

2. 案例准备

打开文件 运行Scratch软件，打开 "欢乐摇滚音乐会(初).sb3" 文件，小猫出现在舞台上，效果如图所示。

删除小猫 本案例中首先要删除默认的"小猫"角色，选中舞台下方角色区中的小猫，单击 图标 ，小猫从舞台上消失，角色被删除。

上传角色 选择添加角色中的"上传角色"，将电脑中的singer图片上传到舞台上，操作如图所示。

算法设计 本案例的算法结构比较简单，主要是实现歌手宣布"音乐会开始了！"，所以只需要拖动2块积木就可以完成。

3. 实践应用

调整角色　选择角色区的singer，将角色区中的名称改为"歌手"，大小改为90，调整角色位置使歌手位于舞台中央，操作如图所示。

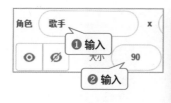

编写角色代码　选择角色"歌手"，根据前面的分析及设计的算法，编写代码，如图所示。

保存文件　将文件名改为"欢乐摇滚音乐会.sb3"，重新保存。

答疑解惑　选择上传角色，上传的角色周围会出现背景色，要删除角色周围的背景色，在位图模式中可按图所示操作，在角色造型区中调整"填充"样式，选择左上方的透明填充⟋样式，将填充工具移到需要去掉的背景颜色上，单击就可将多余的背景删除了。

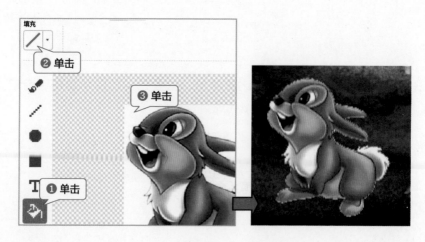

案例 15　魔法城堡欢迎你

案例知识：绘制角色

　　森林里要举办动物狂欢节了，所有的动物将要去神秘的魔法城堡参加这一盛会。为了装饰城堡，小猫准备了2个漂亮的气球挂在魔法城堡的门口，烘托节日的气氛。气球是小猫精心设计制作的，还会左右摇晃。今天我们一起来向小猫学习，如何在Scratch中绘制各种颜色的漂亮气球吧！

1. 案例分析

　　在本案例中，为了烘托动物狂欢节的气氛，要用气球来装饰大门，要实现这个效果，我们需要设计气球的颜色、形状，还要让它们动起来。

想一想

(1) 如何绘制角色呢？

(2) 怎样更改图形填充颜色？

　　理一理　在本案例中，我们选择"绘制角色"的方式创建角色，使用Scratch自带的工具绘制2个不同颜色的气球，气球是椭圆形的，在造型区选择圆形工具绘制，2个气球的颜色不同，还有渐变效果，需通过填充颜色和样式去调整。为了让气球烘托出节日的气氛，还需要让气球动起来。

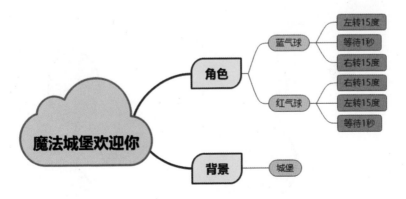

2. 案例准备

打开文件　运行Scratch软件，打开"魔法城堡欢迎你(初).sb3"文件，魔法城堡的大门出现在舞台上，效果如图所示。

3. 实践应用

绘制气球　单击"绘制"按钮，按图所示操作，绘制合适的椭圆形。

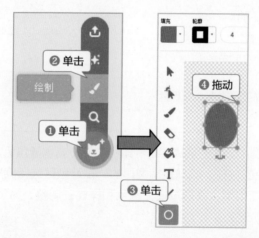

绘制绳子　单击铅笔工具，按图所示操作，绘制气球下面的绳子。

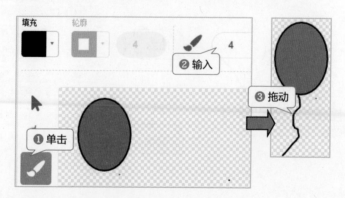

更改填充颜色　单击"填充"选项右边的下拉列表，依次选择填充样式，调整填充颜色、饱和度和亮度，给气球设置合适的颜色，操作如图所示。

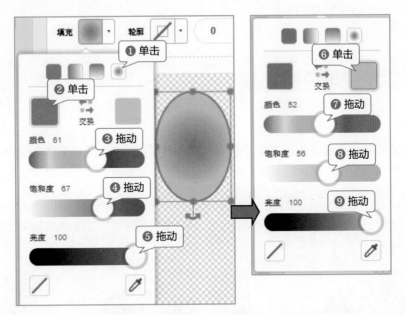

更改角色名称　选择"造型1"角色，在"角色"后面输入"蓝气球"，更改角色名称。

复制气球　选择"蓝气球"角色，复制角色并将角色名改为"红气球"，操作如图所示。

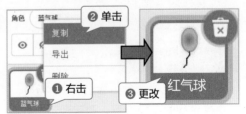

更改填充颜色　在造型区选中"红气球"，使用填充工具更改填充样式，调整填充颜色、饱和度和亮度，将气球调整为红色。

编写角色"蓝、红气球"代码　分别选择角色"蓝气球"和"红气球"，根据前面的分析及设计的算法编写代码，如图所示。

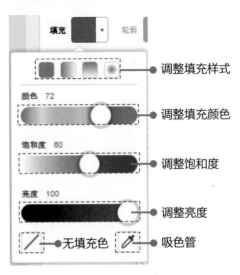

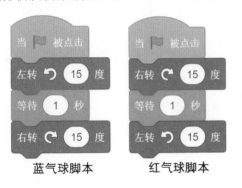

蓝气球脚本　　　　红气球脚本

　　保存文件　将文件名改为"魔法城堡欢迎你.sb3"，保存文件。

　　答疑解惑　填充工具可以选择不同的填充样式，其中渐变填充可以分别选择前景色和背景色，达到特殊的填充效果。

案例
16
会隐身的魔法师
案例知识：显示、隐藏角色

　　大剧院的舞台上魔法师正在进行魔术表演，小猫站在舞台上，担任表演嘉宾。只见魔法师口中念念有词，她举起魔棒一挥，小猫就忽然从舞台上消失不见了。这是怎么回事呢，难道魔法师真的会什么魔法吗？

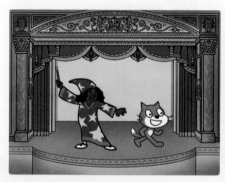 

1. 案例分析

　　根据题意，舞台中会出现2个场景，初始状态为魔法师与小猫站在舞台上，然后魔法师更换造型时小猫隐藏。要实现这些效果，我们先思考下面的问题。

想一想

　　(1) 如何更换造型呢？

　　(2) 怎样显示、隐藏角色呢？

　　理一理　在本案例中，小猫一开始出现在舞台上，怎么才能让它消失呢？我们可以在角色的脚本中添加"隐藏"积木，当程序运行时，呈现的效果是魔法师魔棒一挥，然后小猫才消失，这2个动作是怎么同步的呢？在魔法师的脚本中添加"等待1秒"积木，在小猫的脚本中添加"等待2秒"积木，经过调试后就能呈现理想的效果。

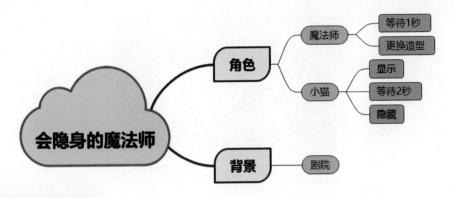

2. 案例准备

外观模块　当选择"外观"模块后，右边会出现所有相关的积木选项。向下拖动可以找到"显示"和"隐藏"积木。

算法设计　本案例的关键是通过"显示"积木，让小猫出现在舞台上，再经过2秒钟的等待，通过"隐藏"积木，让小猫从舞台上消失。解决问题的思路如图所示。

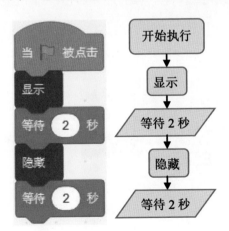

3. 实践应用

打开文件　运行Scratch软件，打开"会隐身的魔法师(初).sb3"案例。

添加背景和角色　单击"上传背景"按钮，从素材文件夹中导入图片Theater.png，并删除空白背景，从素材文件夹中添加角色wizard girl2.png，效果如图所示。

编写角色"小猫"脚本　选择角色"小猫"，编写脚本，参考脚本如图所示。

修改角色造型　选择角色wizard girl，在"造型"选项卡中，复制得到wizard girl2角色。按图所示操作，在绘图区调整魔棒的方向，在魔棒周围绘制光点。

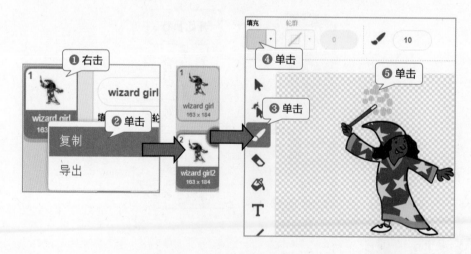

编写脚本 分别选择角色wizard girl和"小猫"，编写脚本，参考脚本如图所示。

魔法师脚本

小猫脚本

测试程序 运行程序，查看程序运行结果。

案例 17 冬去春来待花开

案例知识：切换背景库中的背景

冬日的气息还未完全消散，春天的微风就已悄悄地吹来。天气已经渐渐变暖，小猫出门踏青，它在路上走着走着，发现路边的小草已经绿了，树枝上也冒出了星星点点的嫩芽，焕发出勃勃生机，一派冬去春来的景象。小猫期待着春暖花开、草长莺飞的春天快点到来，和好朋友一起去春游。

1. 案例分析

想要变换冬季和春季的景色，需要打开背景库，其中会出现很多分类，在"户外"分类中可以快速找出合适的背景图片。请尝试选择一个背景，看看背景库里会显示哪些美丽的风景？

想一想

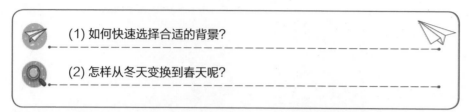

(1) 如何快速选择合适的背景?

(2) 怎样从冬天变换到春天呢?

理一理　本案例在打开时为空白的场景，只有主角小猫出现在舞台上。首先需要添加冬天和春天的背景。小猫从舞台左边走向右边时，需要设置移动的参数值，让小猫的移动速度变快，还需要考虑如何让小猫走到舞台中间时背景刚好进行切换，这个速度要多次调试才能完成。请尝试将思考的结果填在下图的横线处。

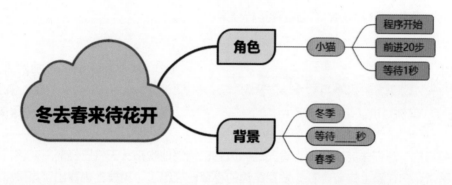

2. 案例准备

　　观看小猫脚本　运行Scratch软件，打开 "冬去春来待花开(初).sb3" 文件，选择小猫角色，小猫的脚本如图所示，尝试运行程序，会发现小猫从左向右行走，每移动20步等待1秒后再次移动。

算法设计　本案例的关键是选择背景，在背景中编写脚本，通过修改"等待1秒"积木中的参数值，让背景在小猫刚好移动到舞台中间时从冬天切换到春天。解决问题的思路如图所示。

3. 实践应用

添加背景　本案例中添加背景的方法很简单，单击"选择一个背景"按钮，按图所示操作，添加Winter和Forest两个背景。

删除空白背景　选定背景，打开舞台区左上方的"背景"选项卡，删除原有的空白背景，操作如图所示。

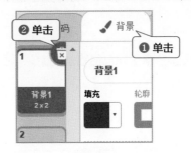

编写背景脚本　选定背景Winter，将需要的积木拖入脚本区，实现当小猫走到舞台中央时，背景从冬天变成春天，就可以实现冬去春来的效果，背景脚本如图所示。

测试程序　运行程序，查看程序运行结果。

保存文件　将文件名改为"冬去春来待花开.sb3"，保存文件。

案例 18 欢乐的儿童乐园

案例知识： 上传电脑中的背景

随着春风的轻拂，小动物们又迎来了期待已久的春游时光，小猫正在向它的好友展示它最喜欢的游乐项目，计划和朋友一起玩。小朋友们，你们也想和朋友一起去儿童乐园游玩吗？你最喜欢的游乐项目有哪些呢？

1. 案例分析

在本案例中，小猫给大家分享了自己最喜欢的游乐项目的照片，这些背景图片都是从电脑中上传的。我们可以在背景区选择"上传背景"，上传事先准备好的背景图片，并将它设置为舞台的背景。

想一想

　(1) 怎样将位图转化为矢量图？

　(2) 怎样调整背景图片大小？

理一理　本案例要实现将4张游乐场的照片依次展示的动画效果，可以分别上传照片，添加多个背景。背景照片上传后，可能存在大小不一致的情况，需要进行调整。通过选择"控制"模块中的"等待1秒"积木，以控制背景图片出现的频率；选择"外观"模块中的"下一个背景"积木，实现4张图片的依次切换。

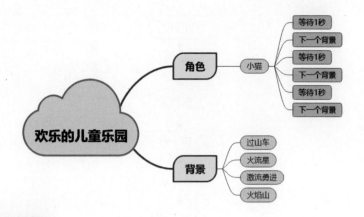

2. 案例准备

打开文件　运行Scratch软件，打开"欢乐的儿童乐园(初).sb3"案例。

上传不同背景　单击背景区的"上传背景"按钮，上传图片"过山车"，按图所示操作。再上传3个游乐场背景，分别将背景名改为"火流星""激流勇进""火焰山"，删除原有的空白背景。

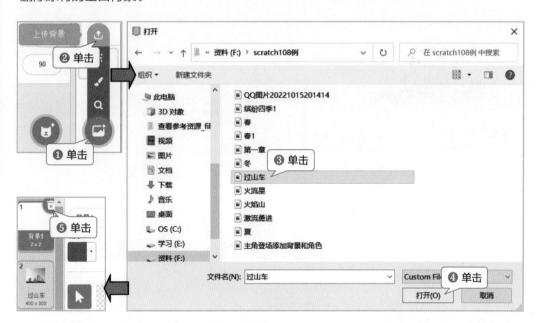

算法设计　本案例的关键是通过"等待1秒"和"下一个背景"积木，让4张游乐场照片每隔1秒钟更换一张。解决问题的思路如图所示。

3. 实践应用

调整图片大小　在Scratch中，导入的图片无法直接调整大小，按图所示操作，将位图转换为矢量图，然后拖动图片调整至铺满舞台。

编写角色代码　选择角色"小猫"，根据前面的分析及设计的算法，编写代码，如图所示，让背景每隔1秒变化一次，呈现出小猫依次展示游乐项目照片的效果。

测试程序 运行并测试程序，查看小猫介绍不同游乐场照片的动画效果。

答疑解惑 Scratch可以绘制两种类型的图像：位图和矢量图。在绘图区下方单击"转换为位图""转换为矢量图"图标，可以进行图片类型的切换。

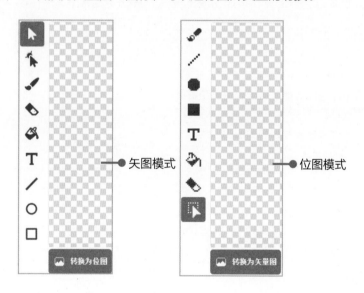

矢图模式

位图模式

案例
19
好友一起去郊游
案例知识：绘制背景

春天到了，蓝蓝的天上白云飘，小鸟在树上自由自在地歌唱，五颜六色的蝴蝶在空中舞蹈，勤劳的蜜蜂忙着在花丛中采蜜，微风轻轻地拂过湖面，一棵棵小草披上了绿衣裳，好一个花花绿绿的世界，美丽极了！小猫约了它的好朋友小马、小兔和小狗，一起来到郊外游玩。小朋友们，你想和哪些小伙伴去郊游呢？

1. 案例分析

在Scratch中，除了"添加背景"和"上传背景"两种方式外，还可以根据自己的想法设计并绘制背景。本案例中郊外的风景是绘制的，想要绘制背景，需要先进行构图，根据构图选择合适的绘图工具，按照绘图的先后顺序进行绘制，最后将绘制的图片设置为舞台背景。

想一想

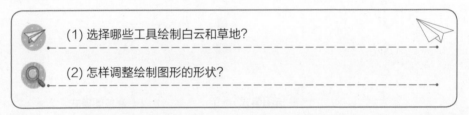

(1) 选择哪些工具绘制白云和草地？

(2) 怎样调整绘制图形的形状？

理一理　在确定好背景的构图后，就可以开始绘图了。绘制天空时，选择蓝色，运用填充工具制作图片的底色。绘制草地时，要先转换为位图模式，选择绿色；草地可以使用3个大小不同的椭圆形叠加，选择椭圆工具时，将"轮廓"设置为"无轮廓"，让图形叠加更自然。在绘制白云时，可以采用相同的方法，将椭圆转换为矢量图，使白云的形状更加逼真，单击图的边缘，增加一些可以调整的点，通过拖动就可调整白云的形状。

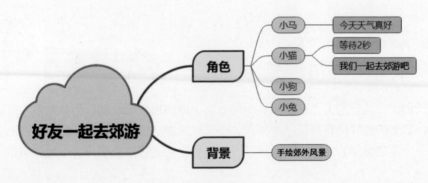

2. 案例准备

算法设计　本案例的关键是先修改"等待 1秒"积木中的参数值，再将 "说……秒"积木中的参数值改为小猫的对话。解决问题的思路如图所示。

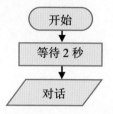

打开背景编辑区　选择舞台区背景中的"绘制"背景，按图所示操作，打开图片背景编辑区，删除原有的空白背景。

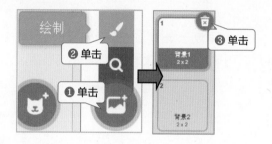

3. 实践应用

绘制天空　在绘图区下方单击"转换为位图"图标，按图所示操作，调整出浅蓝色，选择"填充"工具，绘制出天空。

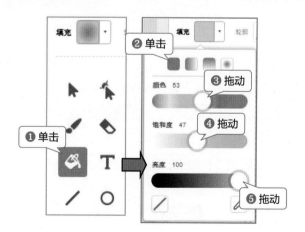

绘制草地　选择椭圆工具，按图所示操作，调整出绿色，选择"轮廓"为"无轮廓"，绘制2个大小不一样且重叠的椭圆形。

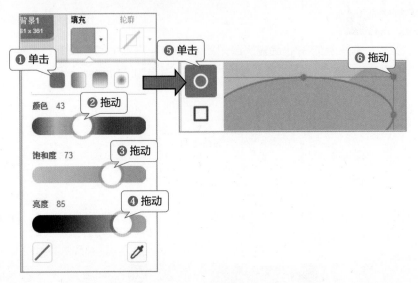

绘制白云　选择白色，按图所示操作，选择椭圆工具，绘制3个分开的椭圆形，为了模拟白云的形状，也可在其中的一个椭圆上叠加2个略小的椭圆。

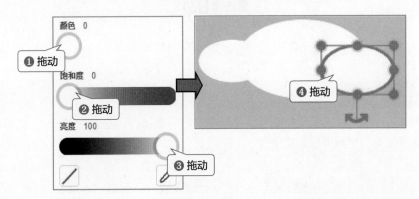

绘制小草　选择深绿色，按图所示操作，选择画笔工具，将笔刷的粗细调整为4，在草地上绘制小草。绘制小草时，还可以将笔刷的粗细调整为不同的数值，使效果更加真实。

添加角色　单击"选择一个角色"按钮，打开角色库，在角色库的搜索框中依次输入

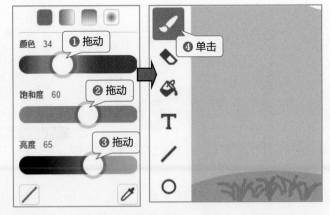

Dog、Horse、Hare，选择合适的角色进行添加，让小猫和它的好朋友一起去郊游。

编写角色"小马"脚本 选择角色"小马"，编写脚本，让小马说话，参考脚本如图所示。

编写角色"小猫"脚本 选择角色"小猫"，编写脚本，让小猫和小马对话，参考脚本如图所示。

测试程序 运行并测试程序，通过调整小猫对话的时间，观察小猫和小马的对话内容是否对应。

案例 20 奇幻森林深夜探

案例知识： 编辑舞台背景

每当夜晚来临，奇幻森林就会出现。如果有谁收到来自奇幻森林的邀请，就能进入夜晚的森林探秘。奇幻森林就像一个魔法游乐园，不断地变幻出各种颜色，小猫非常好奇，悄悄地来到森林中想一探究竟。猜猜看，夜晚的奇幻森林到底藏着怎样的秘密？

1. 案例分析

同样的森林忽然呈现出完全不同的奇幻效果，夜晚的森林背景来自背景库，那么怎样才能对导入的背景进行修改，使其产生奇幻的效果呢？

想一想

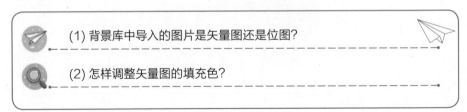

(1) 背景库中导入的图片是矢量图还是位图？

(2) 怎样调整矢量图的填充色？

理一理　在本案例中，一共添加了4个背景，其中3个背景都是在第1个背景的基础上修改的。为了呈现奇幻的效果，我们可以在修改时将填充的样式选为渐变模式。为了让4个背景依次不断出现，在程序运行后可以每隔1秒钟更换一个背景，这样就可以让背景发生奇妙的变化。

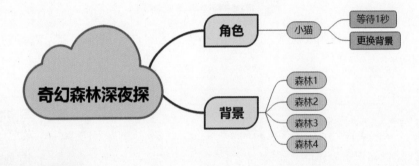

2. 案例准备

算法设计　本案例的关键是先修改"等待1秒"积木中的参数值，再将"外观"模块中的"下一个背景"积木拖到代码中，就可以实现背景变化了。解决问题的思路如图所示。

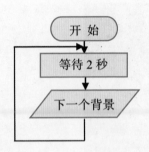

打开文件　运行Scratch软件，打开"奇幻森林深夜探(初).sb3"文件，如图所示。

3. 实践应用

复制背景　在背景区选中Woods，按图所示操作，复制出其他3个背景，并分别改名为Woods2、Woods3、Woods4。

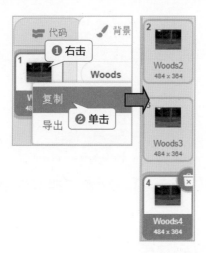

编辑Woods2背景　在背景区选中Woods2，按图所示操作，打开背景编辑区，选中整个背景图，在填充方式中选中 ，选择合适的前景色和背景色。

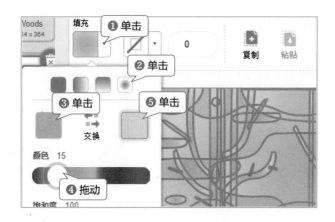

　　编辑其他背景　在背景区分别选中Woods3和Woods4，按照上面的步骤操作，修改背景的填充色，效果如图所示。

　　编写背景脚本　选择角色"小猫"，编写脚本，让4个奇幻的夜间森林背景轮流切换，呈现魔幻的效果，参考脚本如图所示。

　　测试程序　运行并测试程序，通过观察背景变换的效果，调整脚本中的等待时间。

案例 21　鹦鹉逍遥游世界

案例知识： 设置随机背景

　　鹦鹉最喜欢的事就是自由地展翅飞翔，飞过蓝天白云，飞过风景宜人的海滨，飞过黄沙漫天的沙漠……它不断地飞过世界上不同的地方，结交了一个又一个好朋友。今天鹦鹉又将飞过哪些地方、遇到哪些人、发生哪些事呢？

1. 案例分析

案例中的背景是随机产生的，表示鹦鹉飞到不同的环境里，发生各种故事，会遇到不一样的人。对于随机产生的背景，要怎样编写故事才能让它们连接起来呢？让我们看看案例中的角色和背景是如何随机添加的。

想一想

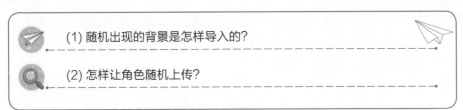

(1) 随机出现的背景是怎样导入的？

(2) 怎样让角色随机上传？

理一理　在本案例中，鹦鹉要飞到不同的场景中，和遇到的小动物互相问好。鹦鹉飞到的场景都是随机上传的，想切换不同的背景时需要单击"鹦鹉"角色。由于随机上传的动物角色具有不确定性，如果角色不符合内容要求，需要删除角色后再随机上传，反复尝试直到找到适合的角色，为角色添加对话。

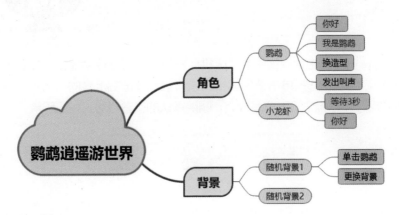

2. 案例准备

算法设计　本案例中要求鹦鹉向遇到的人或动物问候2秒，然后进行自我介绍，更换造型后，发出声音。单击"鹦鹉"角色，背景会更换到下一个。解决问题的思路如图所示。

保存文件　选择"文件"菜单中的"保存到电脑"命令，在"另存为"对话框中输入案例名

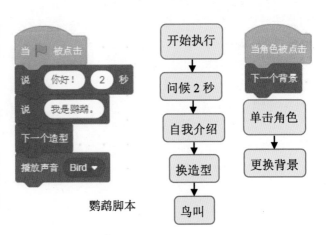

鹦鹉脚本

称"鹦鹉逍遥游世界",单击"确定"按钮。单击小猫角色右上方的删除按钮,删除默认角色。

3. 实践应用

添加鹦鹉 单击"选择一个角色"按钮,打开角色库,选择动物分类,找到Parrot。

设置随机角色 单击角色区中的"随机"按钮,从角色库中随机添加角色。如果出现的角色不符合要求,右击选择"删除"命令,继续重复这样的步骤直到成功添加为止,调整好角色的位置。操作步骤如图所示。

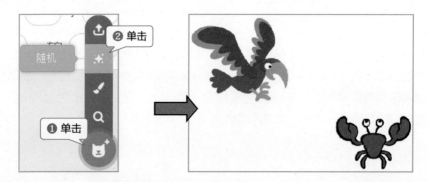

设置随机背景 单击背景区中的"随机"按钮,从背景库中随机添加背景,如果出现的背景不符合要求,选择单击造型区中的该背景,单击右上方的"删除"图标。继续重复这样的步骤,直到添加3张背景为止,删除默认的空白背景,如图所示。

编写鹦鹉脚本 选择鹦鹉,按照算法分析中的脚本,拖动积木,编写鹦鹉的脚本。

编写龙虾脚本 选择龙虾,按照右图中的脚本,拖动积木,编写龙虾的脚本。

测试程序 运行并测试程序,通过调整对话时间,观察鹦鹉和龙虾的对话内容是否吻合。

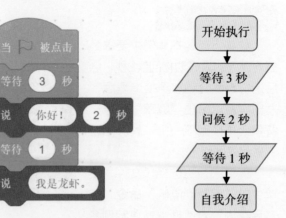

案例 **22** **四方图案巧设计**

案例知识：设置角色属性

　　小猫利用课外时间参加了民间艺术学习班，这天放学，老师布置了一个小小的设计任务，让大家以一种昆虫为模板，搭配协调的背景颜色，设计出漂亮的四方连续纹样。你能帮助小猫完成这个任务吗？

1. 案例分析

　　小猫设计的四方连续纹样是由4只方向不同的七星瓢虫组成的，样式新颖，色彩多样。那么怎样才能让4只一模一样的瓢虫调整方向，让它们按照顺序逐个展示出来呢？

想一想

　　(1) 角色的方向是怎样改变的？

　　(2) 怎样让角色依次逐渐显示？

　　理一理　在本案例中，先展现四方连续纹样的方框背景，然后让4只瓢虫每隔1秒依次出现在方格中。4只瓢虫朝向不同的方向，分别是90度、180度、-90度、0度。想让它们上下左右对称，需要慢慢地调整，这样显示出来才会更加美观。

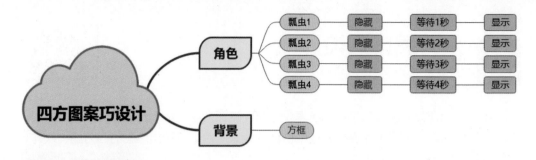

2. 案例准备

　　算法设计　本案例的关键是让第一只90度方向的瓢虫先出现在舞台上，然后每隔一秒让其他方向的3只瓢虫依次出现。程序执行时，通过"隐藏"积木让其他3只瓢虫先不出现。解决问题的思路如图所示。

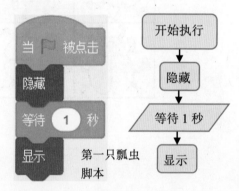

第一只瓢虫
脚本

　　打开文件　打开"四方图案巧设计(初).sb3"文件，效果如图所示。

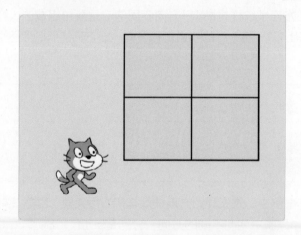

　　添加瓢虫　从角色库中选择瓢虫，添加角色，按图所示操作，选中Ladybug1角色，右击选择"复制"命令，添加第2只瓢虫。按相同步骤，添加第3、4只瓢虫。

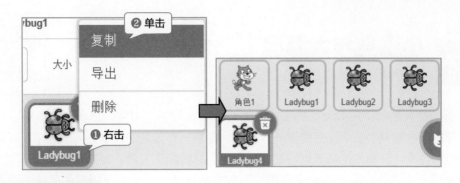

3. 实践应用 🔧

调整方向 单击Ladybug2角色，在角色上方的"方向"属性框中输入180，拖动瓢虫到舞台方格区的右上方格子里。依次单击Ladybug3、Ladybug4角色，分别在角色上方的"方向"属性框中输入-90和0，拖动瓢虫到舞台方格区的下方格子里，效果如图所示。

瓢虫依次出现 分别选择Ladybug2、Ladybug3、Ladybug4角色，按照下图中的操作步骤，拖动积木编写对应的脚本。

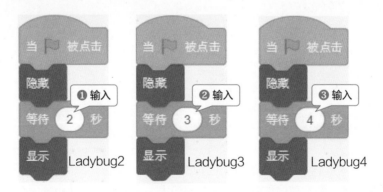

测试程序 运行程序，查看程序运行结果。如果角色出现的位置不对称，可以进行微调。

69

案例 23 小鲨鱼与大海星

案例知识：设置角色大小

　　蔚蓝的大海里，千姿百态的珊瑚五颜六色，有红色、白色、蓝色，成群结队的鱼儿在珊瑚丛中游来游去，海底世界一片宁静。忽然一条凶恶的大鲨鱼闯了进来，吓得小鱼们四散逃走，只有海星镇定地留在原地，只见它念起了咒语，刹那间鲨鱼变小了，而海星变成了大块头，凶恶的大鲨鱼再也不敢耀武扬威了。你们想知道海星的咒语是什么吗？

1. 案例分析

　　鲨鱼是怎样由大变小的？海星又是怎样由小变大的？怎样对画面中的角色进行调整来改变它们的大小呢？

想一想

 (1) 角色的大小是怎样改变的？

 (2) 海星是怎样让鲨鱼变身的？

　　理一理　在本案例中，海星遇到了凶狠的大鲨鱼，海星一念咒语，鲨鱼就变小了，海星也同时变大了。要实现这种效果，需要添加大、小海星和大、小鲨鱼4个角色。当程序运行时，小海星和大鲨鱼出现，当海星念完咒语后隐藏，并显示大海星，大鲨鱼在程序执行后等待3秒隐藏，显示小鲨鱼。这样就达到了角色变大、变小的效果。

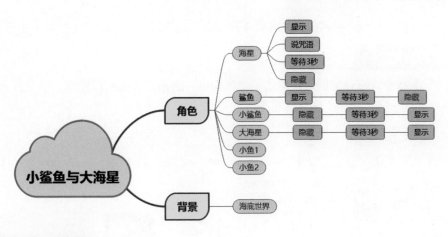

2. 案例准备

控制模块　当选择"控制"模块后，右边会出现所有相关的积木选项。向下拖动可以找到"等待1秒"积木，修改时间就可控制角色下一个动作的等待时间。

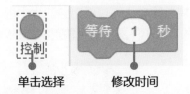

算法设计　本案例的关键是让小海星、大鲨鱼先出现在舞台上，海星说出咒语，再通过"控制"模块中的积木等待3秒钟，通过"隐藏"积木让小海星、大鲨鱼消失在舞台上，再让另一个造型的大海星和小鲨鱼出现。解决问题的思路如图所示。

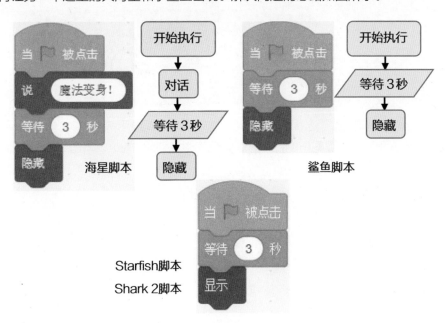

打开文件　打开"小鲨鱼与大海星(初).sb3"文件。

3. 实践应用

添加大鲨鱼　打开案例后，单击"上传角色"按钮，按图所示操作，在"打开"对话框中找到"鲨鱼"图片，添加大鲨鱼。

调整大小　导入的"海星"比较大，可以对它的大小进行调整，打开角色库，选择"海星"角色，在角色上方的"大小"属性框中输入80，使海星变小，效果如图所示。

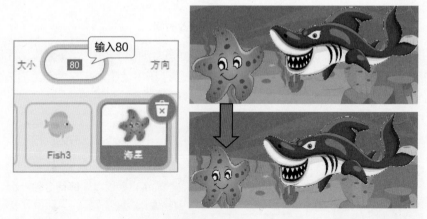

添加大海星　单击"选择一个角色"按钮，按图所示操作，在角色库中找到Shark 2，单击添加。重复同样的操作，在角色库中找到Starfish，单击添加。

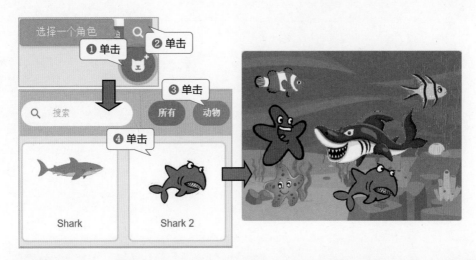

调整变身大小　选择Starfish角色，在角色的"大小"属性框中输入150，将海星变大。重复同样的操作，选择Shark 2角色，将它的大小改为80，舞台中呈现的效果就是"小鲨鱼和大海星"了。

海星念咒语　我们先看看海星的脚本，将海星的初始状态设置为显示，按图所示操作，拖动积木编写脚本。

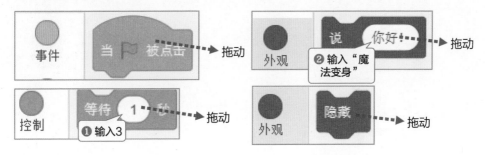

完善程序　依次单击鲨鱼、Starfish、Shark 2，按照算法中的代码分别拖动积木，编写脚本。

测试程序　运行程序，查看程序运行结果，如果海星与鲨鱼对话的时间不协调，可通过调整"等待时间"优化效果。

第 3 章

井井有条：顺序结构

通过前一章的学习，我们已经学会了如何添加背景和角色，但这只是编程的基础操作。要真正利用编程去解决实际问题，还需要掌握编程中常用的程序结构。

为了让程序设计更加有条理性，本章将通过多个案例讲解最简单、最基础的顺序结构，围绕设置角色动作、角色坐标与定位、角色造型和角色效果等，带领读者体验 Scratch 中顺序结构自上而下、依次执行的效果。

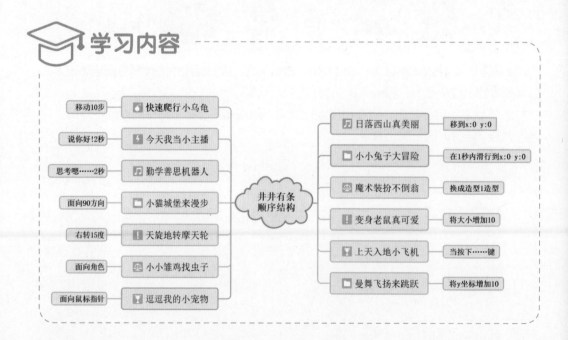

案例
24
快速爬行小乌龟

案例知识："移动10步"积木

乌龟属于两栖类动物，走起路来总是慢吞吞的，为了参加森林里即将举行的运动会，小乌龟每天都勤奋地练习。每次练习时，小乌龟从起始点开始移动，每隔1秒，移动一定距离，并逐渐加速，让自己的移动速度越来越快，最后到达终点。怎样编写代码来实现这样的动画效果呢？

1. 案例分析

本案例为小乌龟在森林里练习跑步的场景，所以我们要制作一个小乌龟移动速度越来越快的程序，让小乌龟以不断增加的速度移动。

想一想

(1) 如何让小乌龟移动起来？

(2) 怎样让小乌龟的移动速度越来越快？

理一理　首先需要添加森林背景和小乌龟角色。小乌龟从起始点向终点前进时，还需要考虑如何让小乌龟移动，再对其移动的参数值进行设置，使小乌龟的移动速度越来越快。你能尝试将思考的结果填在下图的横线处吗？

2. 案例准备 📐

选择积木　"移动10步"属于运动类积木，该积木可以实现让角色移动指定步数，默认为"10步"。

●——参数值

算法设计　本案例的关键是通过修改"移动10步"积木中的参数值，让小乌龟以逐渐加速的方式移动。解决问题的思路如图所示。

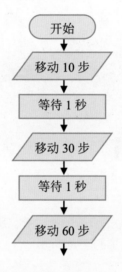

3. 实践应用 ⚒

添加背景和角色　运行Scratch软件，新建程序，单击"上传背景"按钮，从素材文件夹中导入"森林"背景，并删除空白背景，删除默认角色"小猫"，单击"选择角色"按钮，从素材文件夹中添加角色"小乌龟"，设置大小为30，效果如图所示。

编写角色代码　选择角色"小乌龟"，编写代码，让小乌龟移动起来，参考代码如图所示。

测试程序　运行并测试程序，查看小乌龟移动的动画效果。

答疑解惑　"移动10步"积木中的参数值可以修改，通过修改参数值，可以调整移动速度的快慢，参数越大，移动的速度越快。步数可以是正数，也可以是负数，当步数为负数时，角色将向反方向移动。

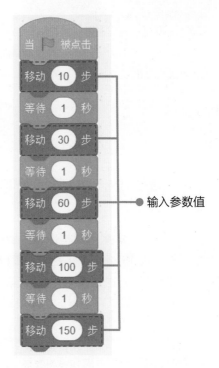

● 输入参数值

案例
25

今天我当小主播

案例知识："说你好!2秒"积木

学校的小主持人社团开课了，小主播对部分地区的干旱情况进行了采访和播报。开播后，小主播先向大家打招呼，然后开始播报新闻，每"说"一句话，舞台上会显示出"说"的内容，等待一会儿，再接着"说"下一句。此外，小主播还呼吁大家能够节约用水！一起来试着编写小主播播报新闻的程序吧。

1. 案例分析

本案例中，小主播在播报新闻时，需要根据播报内容，将4张不同地区的干旱情况——呈现出来。

想一想

(1) 小主播需要播报哪些内容？

(2) 如何将播报内容和背景图片相对应？

理一理　本案例要实现小主播播报新闻的动画效果，可以选择不同的干旱图片作为背景，添加摄像师、小主播等角色。小主播需要根据播报内容，按照先后顺序进行播报，因此既要考虑先播报什么内容，再播报什么内容，还要考虑根据播报的内容切换不同背景。你能尝试将思考的结果填写在横线处吗？

> 切换到背景_____，角色"小主播"说_____；
> 切换到背景_____，角色"小主播"说_____；
> 切换到背景_____，角色"小主播"说_____；
> 切换到背景_____，角色"小主播"说_____；

2. 案例准备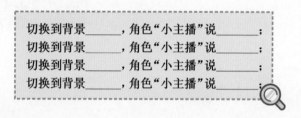

选择积木　"说你好! 2秒"属于外观类积木，可以在积木中输入文本内容。输入的文本可以是中文、英文或其他可以输入的字符，也可以不输入任何文字。默认为文字"你好! "，等待时间为"2秒"。

输入内容

等待时间

算法设计　本案例的关键是根据小主播播报不同地区的干旱情况，切换不同的播报背景。解决问题的思路如图所示。

切换背景

播报内容

等待 3 秒

3. 实践应用

添加背景和角色 运行Scratch软件，新建程序，从素材文件夹中添加"干旱1""干旱2""干旱3""干旱4"等4张背景图，添加角色"摄像师""小主播"，并调整至合适位置，效果如图所示。

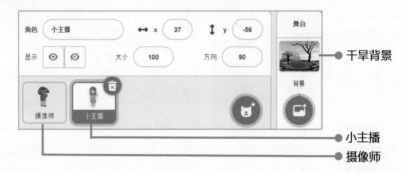

● 干旱背景

● 小主播
● 摄像师

编写角色"小主播"代码 选择角色"小主播"，编写小主播播报新闻的代码，参考代码如图所示。

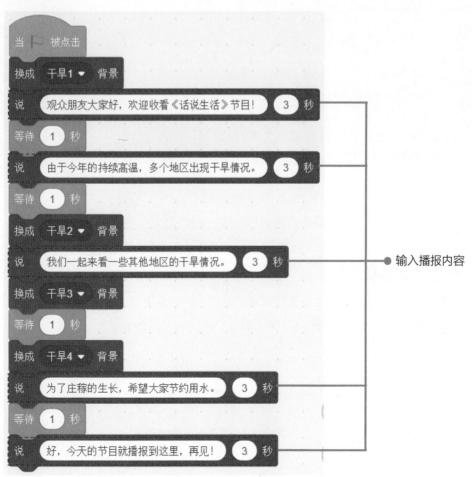

● 输入播报内容

　　测试程序　调试程序，通过调整播报内容的等待时间，观察小主播播报时内容与背景是否对应，最终效果如图所示。

　　答疑解惑　Scratch中外观积木有"说你好！2秒"和"说你好！"两种。一般输入的文字内容不宜太长，否则会影响文字显示框的美观。同时，显示的时间要合理，如果显示时间过短，则观众还没看清内容，文字框就会消失。

案例 26　勤学善思机器人

案例知识："思考嗯……2秒"积木

　　可可家里来了一位新朋友——机器人小美。机器人小美运行后，首先会向大家打招呼，然后在房间内来回移动，一边移动，一边思考接下来要说的话，每"说"一句话，机器人小美都会思考一会，再接着"说"下一句，可爱极了。一起来研究这个动画效果是如何实现的吧！

1. 案例分析

　　本案例中，机器人将以生动且有逻辑的方式，一边思考一边流畅地"说话"，进行一次有趣的自我介绍，展示机器人小美的魅力。

　　想一想

　　(1) 怎样让机器人呈现出思考的效果？

　　(2) 机器人思考后，自我介绍内容的顺序如何安排？

理一理　我们在和他人聊天时，通常会根据聊天内容，思考后再进行回答。同样，机器人在模仿我们人类进行自我介绍时，也应该先思考，再"说话"。制作时，还应该考虑机器人"说话"的内容和先后顺序。请仔细思考，将机器人自我介绍的内容填写在横线处。

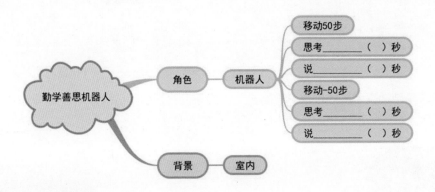

2. 案例准备

选择积木　"思考嗯……2秒"属于外观类积木，可以直接使用，也可以在积木中输入文字内容。默认为文字"嗯……"，等待时间为"2秒"。

算法设计　本案例的关键是通过设置思考和自我介绍的顺序，让机器人实现简单的自我介绍效果。解决问题的思路如图所示。

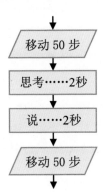

3. 实践应用

添加背景和角色　运行Scratch软件，新建程序，如图所示，从背景库中添加房间背景，从外部素材文件夹导入角色"机器人"，设置角色大小为70。

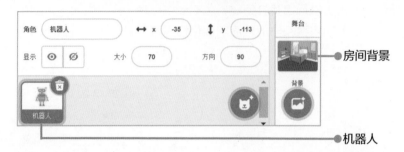

编写角色代码　选择角色"机器人"，编写机器人小美自我介绍的代码，参考代码如图所示。

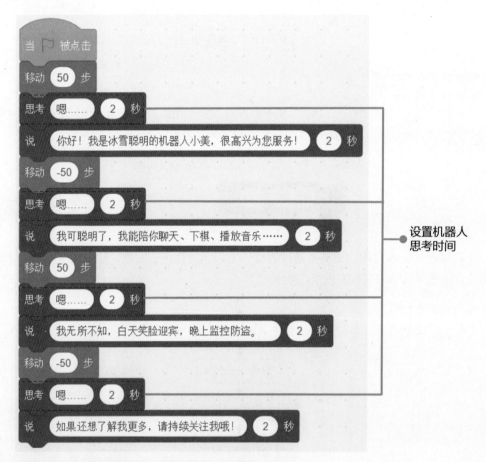

测试程序　运行程序，查看程序运行效果。

答疑解惑　Scratch中外观积木有"思考嗯……2秒"和"思考嗯　！"两种。"思考嗯……2秒"积木可以设置角色思考的内容和时间；而"思考嗯　！"积木只能设置角色思考的内容，不能设置时间，通常显示时间较短，不易看出效果，如果与"等待1秒"积木一起使用，效果比较容易呈现。

小猫城堡来漫步

案例知识： "面向90方向" 积木

小猫来到森林里，看见不远处有一座美丽的城堡。小猫很好奇，于是它调整好方向，试着从旁边的林荫小路走向城堡。到达城堡大门处，小猫又再次调整方向，面向城堡大门。你能编写出相应的程序，帮助小猫到达城堡吗？

1. 案例分析

本案例中，小猫初始位置为舞台左下方，而城堡位于舞台的右上方，小猫需要面朝一定方向移动，才能到达城堡。

想一想

 (1) 如何调整小猫的行走方向？

 (2) 到达城堡后，如何让小猫面向城堡大门？

理一理　本案例中，小猫先是在森林里发现城堡，再走向城堡，因此既要添加森林背景图片，还要添加城堡背景图片。角色小猫默认是朝舞台正右方直线移动，而城堡在舞台右上方，这样小猫就无法到达城堡。因此，小猫在行走前，需要先调整好面向的方向，以确保其面向城堡方向行走。请你仔细思考，并尝试将结果填写在图中横线处。

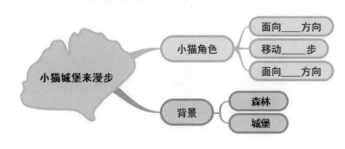

2. 案例准备

选择积木　"面向90方向" 属于运动类积木中的面向积木，该积木可以让角色从当前位置整体面向指定的方向。默认为90，角色朝正右方，角度范围为0到360。

 ● **角度方向**

算法设计　本案例的关键是通过设置小猫的面向方向，让小猫面向指定方向移动。解决问题的思路如图所示。

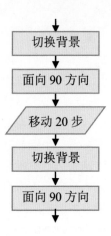

3. 实践应用 📖

添加背景和角色　运行Scratch软件，新建程序，如图所示，从背景库中添加森林和城堡背景。

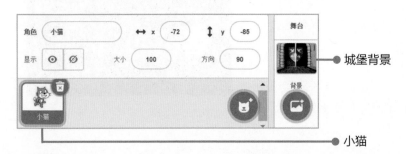

● 城堡背景

● 小猫

编写角色代码　选择角色"小猫"，编写代码，让小猫朝城堡大门走去，参考代码如图所示。

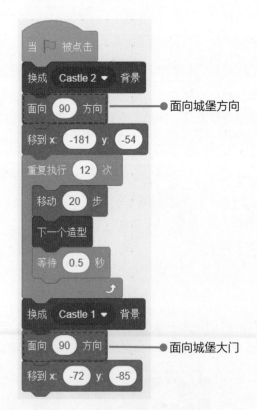

● 面向城堡方向

● 面向城堡大门

测试程序　反复调试程序，观察小猫行走的方向，效果如图所示。

答疑解惑　在Scratch中，角色是用图片表现出来的，为了使角色呈现出动画效果，在不同时间对角色图片的面向方向进行调整，通过交替调整就会显示出角色面向不同的方向。

案例 28　天旋地转摩天轮

案例知识："右转15度"积木

游乐场是小朋友最喜欢的地方。瞧！游乐场里有一个美丽的摩天轮，大家都想去玩。单击摩天轮，摩天轮会旋转一定角度，每隔1秒，又会旋转一定角度，旋转一周后停止。快来一起编写代码，完成这个有趣的动画效果吧！

1. 案例分析

本案例中，摩天轮是按照顺时针方向进行旋转的，每次旋转的角度不同，呈现出先慢后快再慢的旋转效果。

想一想

 (1) 如何让摩天轮旋转起来？

 (2) 旋转时，摩天轮的支撑杆需不需要旋转？

理一理　摩天轮是一种游乐设施，因此在制作摩天轮旋转程序时，需要添加游乐场背景。不管摩天轮向左旋转还是向右旋转，每次旋转都可以看作是一个角度，因此可以通过设置左转或右转角度来控制摩天轮的转动。请尝试填写方框中的内容。

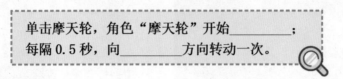

> 单击摩天轮，角色"摩天轮"开始_____；
> 每隔0.5秒，向_____方向转动一次。

2. 案例准备

选择积木　"右转15度"属于运动类积木中的旋转积木，让角色从当前面向的方向右转某个角度，旋转时角色是整体旋转，而不是角色的某部分旋转。默认为15度，角度范围为0到360。

右转 ⟳ 15 度 ●—— 旋转角度

算法设计　本案例的关键是通过设置摩天轮的旋转角度，让摩天轮转动起来。解决问题的思路如图所示。

↓
单击角色
↓
右转 30 度
↓
等待 1 秒
↓

3. 实践应用

添加背景和角色　运行Scratch软件，新建程序，从素材文件夹中导入背景"游乐场"，添加角色"摩天轮杆""摩天轮"，调整大小，并拖动至合适位置，效果如图所示。

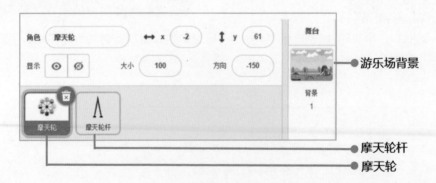

游乐场背景

摩天轮杆

摩天轮

编写角色"摩天轮"代码　选择角色"摩天轮"，编写摩天轮旋转的代码，参考代码如图所示。

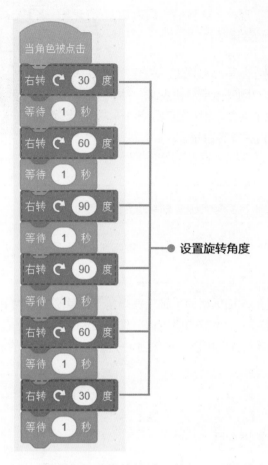

测试程序　调试程序，观察摩天轮旋转的动画效果，反复测试，直到达成满意的效果为止。

答疑解惑　在Scratch中，需要设置角色旋转时，一定要先观察角色的造型，确认好旋转的角色，如本案例中，摩天轮为旋转对象，摩天轮杆则不需要旋转。摩天轮每次旋转一定角度后，需要设置等待时间，如果不设置等待时间或者等待时间过短，则程序运行时，不能很好地观察摩天轮旋转的动画效果。

案例 29　小小雏鸡找虫子

案例知识："面向角色"积木

小雏鸡在外面玩耍了一上午，肚子饿得咕咕叫，于是它来到墙角到处寻找虫子。它左看右看，发现草丛里有虫子在爬来爬去，便迅速地向虫子走去，到达虫子身边后，小雏鸡俯下身子并吃掉虫子。现在，让我们一起来实现小雏鸡找虫子的动画效果吧！

1. 案例分析

本案例中，小雏鸡刚开始是寻找虫子，并没有发现虫子，当虫子在草丛里移动时，小雏鸡才发现虫子，并走过去吃掉虫子。

想一想

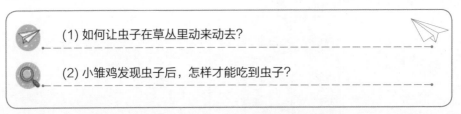

(1) 如何让虫子在草丛里动来动去？

(2) 小雏鸡发现虫子后，怎样才能吃到虫子？

理一理　本案例的关键场景为小雏鸡在墙角下的草丛里寻找虫子，所以背景应该考虑与墙角相关的背景图片，添加的角色有小雏鸡和虫子。当虫子在草丛里移动时，小雏鸡发现虫子，因此需要在面向角色，再移到虫子身边。请将思考的结果填写在横线处。

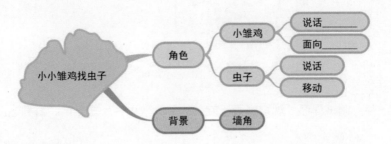

2. 案例准备

选择积木　"面向角色"属于运动类积木中的面向积木，可以让角色整体朝向角色方向。默认为"鼠标指针"。

算法设计　本案例的关键是小雏鸡发现虫子后，通过设置小雏鸡的面向方向，让小雏鸡向虫子的方向走去。解决问题的思路如图所示。

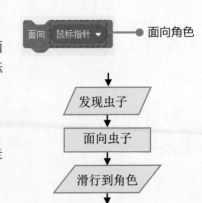

3. 实践应用

添加背景和角色　运行Scratch软件，新建程序，如图所示，从背景库中添加墙角背景，从角色库中添加角色Chick3、Beetle，并将角色重命名为"小雏鸡"和"虫子"。

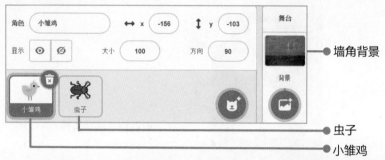

● 墙角背景

● 虫子
● 小雏鸡

编写角色"小雏鸡"代码　选择角色"小雏鸡"，编写小雏鸡移动的代码，部分参数代码如图所示。

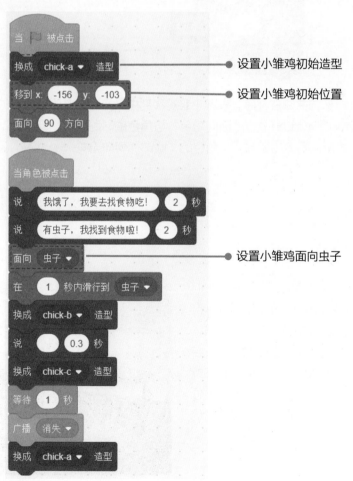

● 设置小雏鸡初始造型
● 设置小雏鸡初始位置

● 设置小雏鸡面向虫子

编写角色"虫子"代码 选择角色"虫子"，编写虫子在草丛里移动的代码，参考代码如图所示。

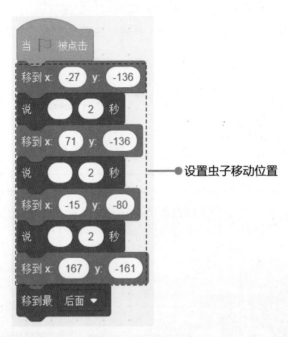

设置虫子移动位置

测试程序 运行并测试程序，观察小雏鸡移到虫子身边，并吃掉虫子的动画效果。

答疑解惑 在Scratch中，"面向角色"与角色的"脸部"朝向是2个不同的概念。"面向角色"是角色整体的朝向，与角色的"脸部"朝向无关。

案例
30

逗逗我的小宠物

案例知识："面向鼠标指针"积木

生活中，很多人都会养宠物，我们既可以和它一起玩耍，也可以和它分享自己的心情。房间里的宠物小猫正在玩球，玩家可以使用鼠标来控制小球的移动。当鼠标指针移动，小球会跟随鼠标指针在舞台内移动，而小猫就会去追逐小球，十分有趣。一起来编写小猫跟随小球移动的代码吧！

1. 案例分析

本案例中，小球移动的位置是不固定的，因此小球和小猫在移动时，需要跟随不同的角色，才能完成相应的动画效果。

想一想

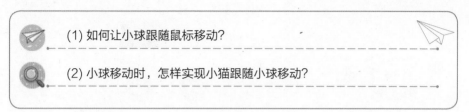

(1) 如何让小球跟随鼠标移动？

(2) 小球移动时，怎样实现小猫跟随小球移动？

理一理　本案例为小猫在房间内和小球玩耍的场景，所以需要选择一个房间图片作为背景，添加小猫和小球两个角色。理清角色小猫和小球之间的跟随关系，通过设置角色的面向鼠标指针或角色来实现不同的跟随效果。请将分析的结果填写在下图横线中。

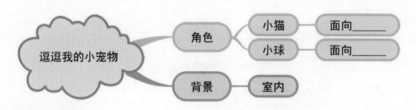

2. 案例准备

选择积木　"面向鼠标指针"属于运动类积木中的面向积木，可以让角色整体朝向鼠标指针。默认为"鼠标指针"。

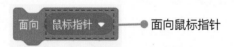

面向鼠标指针

算法设计　本案例的关键是通过设置角色的面向对象，让小球和小猫跟随不同对象进行移动。解决问题的思路如图所示。

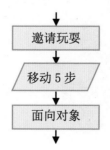

3. 实践应用 🔧

添加背景和角色 运行Scratch软件，新建程序，从背景库中导入房间背景，从角色库中添加角色Cat2、Ball，并分别重命名为"小猫"和"小球"，效果如图所示。

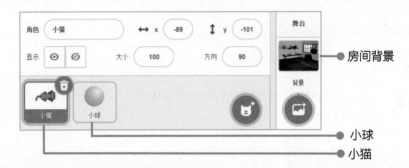

编写角色"小猫"代码 选择角色"小猫"，编写小猫面向小球移动的代码，参考代码如图所示。

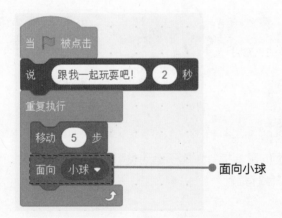

编写角色"小球"代码 选择角色"小球"，编写小球面向鼠标指针移动的代码，参考代码如图所示。

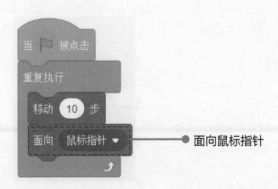

测试程序　调试程序，观察小猫跟随小球移动的动画效果。

答疑解惑　在Scratch中，使用"面向鼠标指针"积木可以让角色面向鼠标指针所在的位置，当角色移到舞台边缘时会自行翻转。如果面向反方向，鼠标指针可以自行调节，也可以通过使用"将旋转方式设置为……"积木，设置角色的转动方式，完成动画效果。

案例 31　日落西山真美丽

案例知识："移到x:0 y:0"积木

地球每天自西向东自转的时候，就会产生太阳东升西落的现象。傍晚时分，太阳逐渐落下山，每隔一段时间，太阳以旋转的方式向下移到指定位置，反复向下移动，直到落下山坡后消失不见。下面我们一起来编写程序，实现日落西山的动画效果吧！

1. 案例分析

本案例中，太阳每次落下的位置是不一样的，只有在反复移动和旋转中，才能呈现出太阳缓缓下山的动画效果。

想一想

　(1) 如何让太阳缓缓落下山坡？

　(2) 太阳落下山坡时，位置应该怎样变化？

理一理　本案例为太阳在天空中以旋转方式渐渐落下山的场景，所以需要添加山坡背景和太阳角色。还要考虑太阳每次旋转多少度，每次旋转后太阳的坐标应该定位在什么位置，以及太阳下山后如何让太阳消失。请仔细思考，将思考的结果填写在横线处。

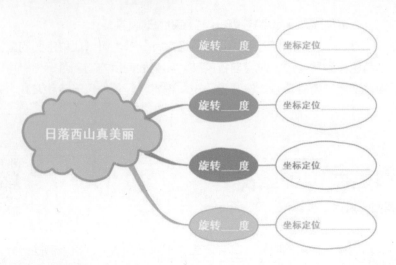

2. 案例准备

选择积木 "移到x:0 y:0"属于运动类积木，通过设置x、y坐标可以让角色移到指定位置。默认坐标为x:0 y:0，坐标范围为-240到240。

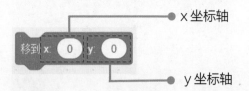

算法设计 本案例的关键是通过设置x、y坐标，让太阳在旋转过程中缓缓地落下山。解决问题的思路如图所示。

3. 实践应用

添加背景和角色 运行Scratch软件，新建程序，如图所示，添加山坡背景，添加角色"太阳"，并拖动至舞台左上角。

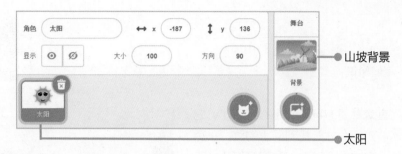

山坡背景

太阳

编写角色代码 选择角色"太阳"，编写太阳缓缓落下山的代码，参考代码如图所示。

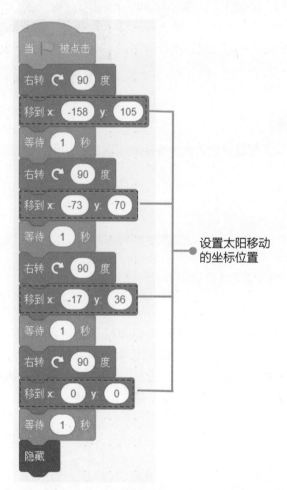

设置太阳移动的坐标位置

测试程序 调试程序，不断调整太阳的位置，观察太阳落山的动画效果。

答疑解惑 在Scratch中，对角色使用坐标定位的方法不仅能让角色在舞台中有序移动，而且能让界面更加美观。如本案例中，太阳初始在舞台的左上角，通过设置x、y坐标让其移到指定位置，从而呈现出太阳下山的动画效果。

小小兔子大冒险

案例知识： "在1秒内滑行到x:0 y:0" 积木

> 我要开始冒险啦！

小兔子在森林里游玩，不小心迷路了，它需要到达河流对面，才能找到回家的路。小兔子不会游泳，但它发现河面上有很多石头。于是，小兔子鼓足勇气，每说完一句鼓励自己的话，小兔子就会跳到一块石头上，通过不停地移动，最后到达河流对岸，找到了回家的路。快来编写程序，和小兔子一起完成这场冒险之旅吧！

1. 案例分析

本案例中，小兔子每跳一次，就会移动到不同的石头上，通过多次移动最终成功到达河流对岸。

想一想

(1) 小兔子可以用什么方法到达河流对岸？

(2) 小兔子如何移动到指定的石头上？

理一理 本案例为小兔子过河的场景，因此应该选择与河流有关的背景，还需要添加小兔子、石头等角色信息。小兔子可以利用河流中的3块石头作为移动对象，考虑到小兔子每次只能移到一块石头上，所以需要分3次进行移动，每次移到不同的石头上，最终到达河流对岸。请尝试在横线处填写小兔子每次移动后到达的位置。

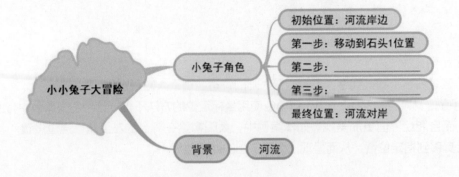

小小兔子大冒险
- 小兔子角色
  - 初始位置：河流岸边
  - 第一步：移动到石头1位置
  - 第二步：_____
  - 第三步：_____
  - 最终位置：河流对岸
- 背景 — 河流

2. 案例准备

选择积木 "在1秒内滑行到x:0 y:0"属于运动类积木，该积木可以将角色在指定时间内滑行到指定的坐标位置。默认时间为"1秒"，默认坐标为x:0 y:0。

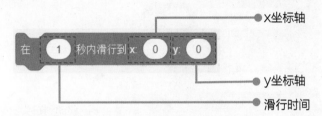

算法设计 本案例的关键是小兔子通过移动坐标位置到达不同的石头上，最终到达河流对面，完成冒险。解决问题的思路如图所示。

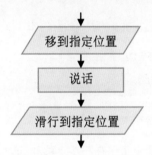

3. 实践应用

添加背景和角色 运行Scratch软件，新建程序，如图所示，从素材文件夹中添加河流背景，添加角色"小兔子"，设置大小为30，添加角色"石头1""石头2""石头3"，设置大小为20，并调整至合适位置。

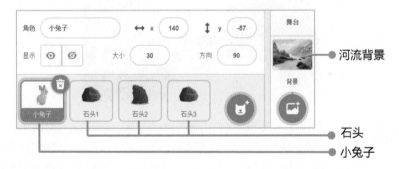

编写角色"兔子"代码 选择角色"兔子"，编写小兔子移动到河流对岸的代码，参考代码如图所示。

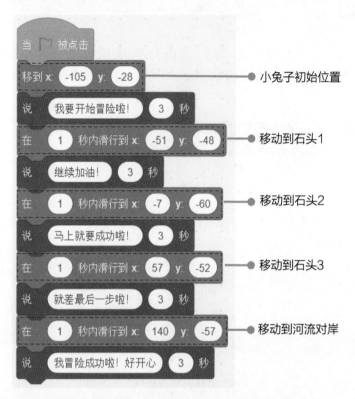

- 小兔子初始位置
- 移动到石头1
- 移动到石头2
- 移动到石头3
- 移动到河流对岸

测试程序　运行程序，查看小兔子在石头上移动的效果，如图所示。

答疑解惑　利用Scratch编写程序时，一般要考虑游戏中角色的初始化状态，包括角色在舞台的位置，大小等。初始化时，可以利用坐标定位相关积木，确定角色在舞台的初始位置。在设计程序时，也可以利用坐标定位相关积木，让角色通过向不同位置的移动，完成动画效果。如本案例中，小兔子在舞台中的初始位置为河流的左边，每次移动到的石头在舞台的中间位置，最终到达的位置为河流的右边。

案例 33 魔术装扮不倒翁

案例知识： "换成造型1造型" 积木

小女孩邀请大家观看她装扮不倒翁的魔术表演。不倒翁一开始为初始造型，单击不倒翁，就会出现连续切换不同装扮的动画效果，十分可爱！请尝试编写不倒翁的装扮程序，实现有趣的动画效果吧！

1. 案例分析

本案例中，不倒翁有5款不同的造型，只有将各种造型装扮不停切换，才能呈现出换装效果。

想一想

(1) 不倒翁切换装扮前的造型应该是什么样的？

(2) 不倒翁怎样变化，才能呈现出更换装扮的效果？

理一理 本案例要实现不倒翁不停换装的动画效果，可以选择室内表演舞台作为背景，添加小女孩、不倒翁等角色作为表演对象。同时，在不倒翁表演时，还应该考虑不倒翁的初始状态，表演时的不同造型切换，以及切换造型的时间，让其呈现出不同的装扮效果，就像变魔术似的。请仔细思考，将结果填写在横线处。

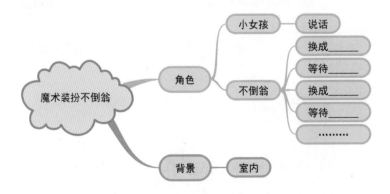

2. 案例准备

选择积木 "换成造型1造型"属于外观类积木中的造型积木，该积木可以让角色在不同造型之间切换。默认造型为"造型1"。

选择造型

算法设计 本案例的关键是不倒翁角色造型的切换，以产生不同的装扮效果。解决问题的思路如图所示。

3. 实践应用

添加背景和角色 运行Scratch软件，新建程序，如图所示，从素材文件夹中导入背景"表演舞台"，添加角色"小女孩""不倒翁"。

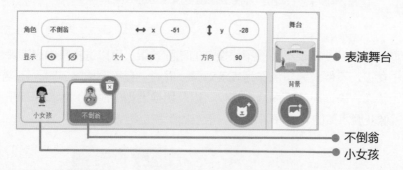

编写角色"小女孩"代码 选择角色"小女孩"，编写小女孩邀请大家观看魔术的代码，参考代码如图所示。

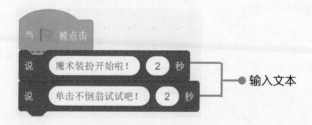
输入文本

编写角色"不倒翁"代码　选择角色"不倒翁"，编写不倒翁造型切换的代码，部分参考代码如图所示。

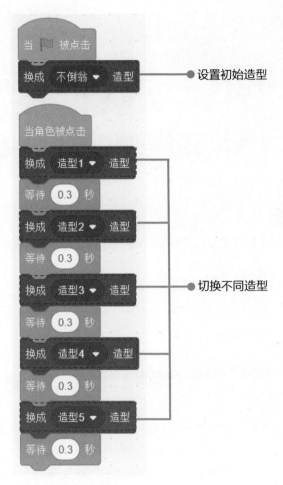

测试程序　运行程序，观察不倒翁连续切换不同造型的装扮效果。

答疑解惑　在Scratch中，角色有2个及以上造型，可以在"外观"模块下，利用"换成……造型"积木或者"下一个造型"积木制作动画效果。对于单个造型角色，可以利用"将角色大小增加"积木来改变角色的大小，从而实现不同的动画效果。

案例 34　变身老鼠真可爱

案例知识："将大小增加10"积木

小老鼠在闲逛时，发现草地上放着一个美味可口的蛋糕，它观察到周围没人，于是准备去偷吃蛋糕。小老鼠悄悄地溜到蛋糕旁边，津津有味地吃了起来。谁知还没吃几口，小老鼠的身体就立刻变大了，原来这是一个被施了魔法的蛋糕，只要吃了它身体就会变得比原来大，是不是很有意思呢？接下来就一起尝试编写代码，完成动画效果吧！

1. 案例分析

本案例中，小老鼠在远处发现蛋糕后，需要先移动到蛋糕旁边，吃到蛋糕后，身体才会变大。

想一想

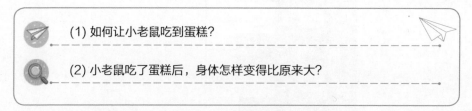

(1) 如何让小老鼠吃到蛋糕？

(2) 小老鼠吃了蛋糕后，身体怎样变得比原来大？

理一理　本案例为小老鼠在草地上偷吃蛋糕的场景，因此应该选择与草地有关的背景，还需要添加小老鼠的角色信息。小老鼠没有偷吃蛋糕前，身体没有变化，因此要考虑小老鼠的初始角色大小，当小老鼠偷吃到蛋糕后，改变角色的大小，让其身体变大，请你将思考分析的结果填写在下图横线中。

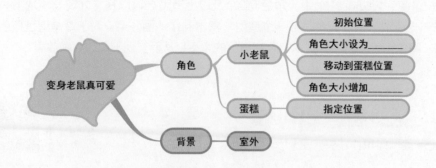

2. 案例准备

选择积木 "将大小增加10"属于外观类积木，可以根据需要改变角色外形大小。默认为10。积木中参数值可以是正数，也可以是负数。当数值是正数时，角色变大；当数值是负数时，角色变小。

参数值

算法设计 本案例的关键是通过改变小老鼠角色的大小，让小老鼠呈现出身体变大的效果。解决问题的思路如图所示。

初始位置

初始大小

发现食物

移动位置

身体变大

3. 实践应用

添加背景和角色 运行Scratch软件，新建程序，从背景库中导入森林背景，从角色库中添加角色Mouse 1、Donut，并分别重命名为"小老鼠"和"蛋糕"，效果如图所示。

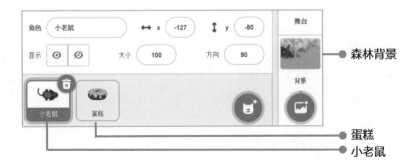

森林背景

蛋糕

小老鼠

编写角色"小老鼠"代码　选择角色"小老鼠"，编写小老鼠偷吃蛋糕后身体变大的代码，参考代码如图所示。

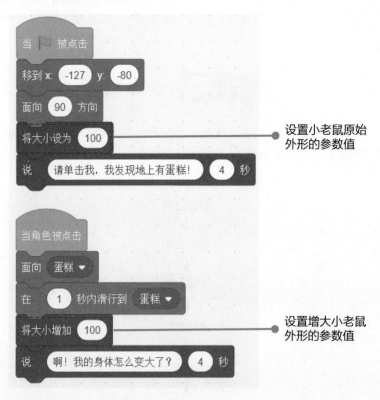

测试程序　运行程序，查看程序运行效果。

答疑解惑　改变角色大小有两种方法，一种是在角色区手动调整角色的大小，一种是在程序执行中，通过修改"将大小增加10"积木或者"将大小设为100"积木中的参数值来改变角色大小。如本案例中，小老鼠身体的大小随着偷吃食物后而改变，此时要用到"外观"积木下的"将大小增加10"积木，积木中的参数值表示角色在原始大小基础上增加10。

案例 35　上天入地小飞机

案例知识："当按下……键"积木

正在学习编程的方可可同学编写了一个小飞机在空中飞行的游戏，想在自己学习疲劳时玩游戏放松一下。游戏运行时，当玩家按下↑键，小飞机向上移动；按下↓键，小飞机向下移动；按下←键，小飞机向左移动；按下→键，小飞机向右移动。现在，你也来尝试编写小飞机朝不同方向飞行的代码吧！

1. 案例分析

本案例中，小飞机在舞台上的初始状态为静止，开启游戏后，可利用键盘上的方向按键来控制小飞机的移动方向。

想一想

> (1) 使用键盘上的哪些按键来控制小飞机移动？
>
> (2) 如何将键盘上的按键和小飞机的移动方向对应？

理一理 本案例为小飞机在空中飞行的场景，背景应该选择与蓝天有关的图片，还需要添加角色小飞机。设想无论小飞机在空中怎么移动，都应该先调整小飞机的飞行方向，再进行移动，因此可以利用键盘上的↑、↓、←、→键进行方向设置。你能尝试将思考的结果填写在下图的横线中吗？

> 按下↑键，角色"小飞机"向 _____ 移动；
> 按下↓键，角色"小飞机"向 _____ 移动；
> 按下←键，角色"小飞机"向 _____ 移动；
> 按下→键，角色"小飞机"向 _____ 移动。

2. 案例准备

选择积木 "当按下……键"属于事件类积木，可以设置角色移动方向按键。除了利用键盘上的上移键、下移键、左移键、右移键进行方向设置，还可以对键盘上的其他按键进行设置，以实现向更多方向的移动。

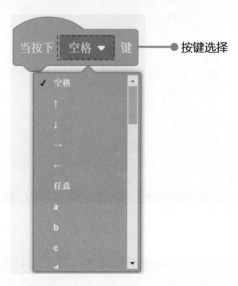

按键选择

算法设计　本案例的关键是通过"当按下……键"积木，根据选择按下键盘中的上、下、左、右方向键，让小飞机根据按键的方向移动。解决问题的思路如图所示。

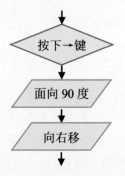

作品规划　制作本案例，需要先搭建与天空有关的舞台背景，删除角色小猫，并从素材夹中导入"小飞机"作为角色，然后为其编写代码。

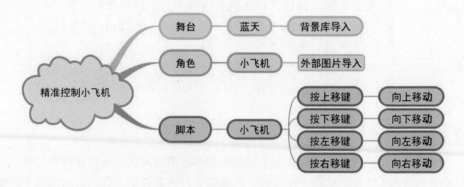

3. 实践应用

　　添加背景和角色　运行Scratch软件，新建程序，如图所示，从背景库中添加蓝天背景，从素材文件夹中添加角色"小飞机"。

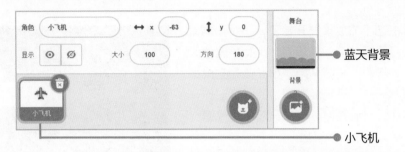

　　　　　　　　　　　　　　　　　　　　　　　　　　　　　——● 蓝天背景

　　　　　　　　　　　　　　　　　　　　　　　　　　　　　——● 小飞机

　　编写角色代码　选择角色"小飞机"，编写小飞机向不同方向移动的代码，参考代码如图所示。

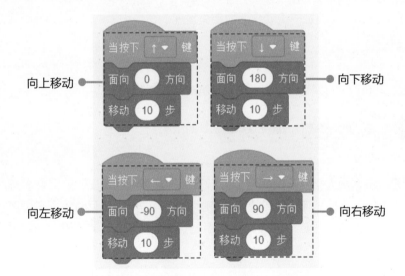

　　测试程序　运行程序，依次按下键盘上的上移键、下移键、左移键、右移键，查看程序运行结果。

　　答疑解惑　在Scratch中，角色由于自身造型的不同，在使用 ▨▨◯▨ 积木后，其移动方向常常会与我们预想的不同。分辨角色的方向有2种方法：一是将小飞机右侧机翼看作旋转点，当 ▨▨◯▨ 后，小飞机会转向上方；二是在造型中将小飞机旋转成机头朝上，这样小飞机移动时的效果就是向上飞行。

曼舞飞扬来跳跃

案例知识： "将y坐标增加10"积木

学校的艺术节成果展开始了，小女孩准备为大家展示舞蹈才艺。表演前，小女孩邀请大家欣赏她的舞蹈。表演开始，小女孩先完成舞蹈中的基本动作，再完成舞蹈中的跳跃动作，整个表演让人赏心悦目。快来一起编写代码，完成这个有趣的动画效果吧！

1. 案例分析

在本案例中，我们要制作一个小女孩在舞台上翩翩起舞的程序，将她的灵动与活力完美呈现。

想一想

 (1) 小女孩跳舞时，如何实现舞蹈动作的切换？

 (2) 小女孩怎样才能完成舞蹈跳跃动作？

理一理　本案例为小女孩在舞台上进行舞蹈才艺展示的场景，所以需要添加舞台背景和小女孩角色。此外，还要设计小女孩的多个舞蹈动作，编写时既要考虑舞蹈动作的切换顺序，也要考虑跳跃时"起跳"和"落下"动作的完成。请将思考的结果填写在横线处。

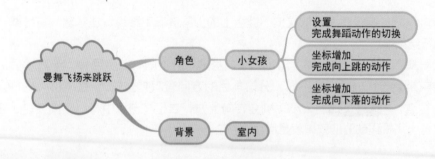

2. 案例准备

选择积木　"将y坐标增加10"属于运动类积木中的坐标积木，在角色移动过程中通过改变角色坐标的y值来改变角色的坐标位置。默认为10。y值为正数时，角色向上移动；y值为负数时，角色向下移动。

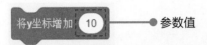

将y坐标增加 10 ●──── 参数值

算法设计 本案例的关键是通过设置造型切换和改变小女孩的y坐标位置，呈现出小女孩舞蹈中跳跃动作的效果。解决问题的思路如图所示。

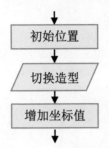

初始位置

切换造型

增加坐标值

3. 实践应用

添加背景和角色 运行Scratch软件，新建程序，从背景库中添加舞台背景，从角色库中添加角色Ballerina，重命名为"小女孩"，并调整至合适位置，效果如图所示。

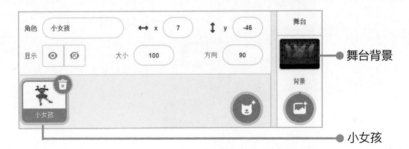

角色 小女孩 ↔ x 7 ↕ y -46

显示 ◉ ⌀ 大小 100 方向 90

舞台

●──── 舞台背景

背景

●──── 小女孩

设置角色代码 选择角色"小女孩"，设置小女孩在舞台上的初始位置和造型，参考代码如图所示。

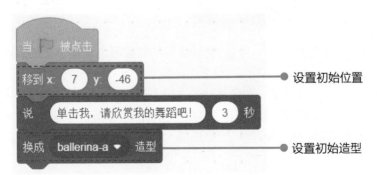

当 ▶ 被点击

移到 x: 7 y: -46 ●──── 设置初始位置

说 单击我，请欣赏我的舞蹈吧！ 3 秒

换成 ballerina-a ▼ 造型 ●──── 设置初始造型

　　编写角色跳舞代码　选择角色"小女孩"，编写小女孩跳舞的代码，参考代码如图所示。

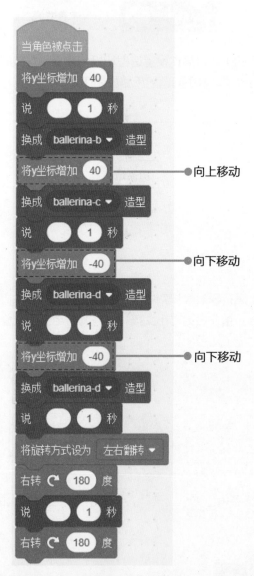

　　测试程序　反复测试程序，通过调整y坐标的参数值，观察小女孩舞蹈动作的动画效果。

　　答疑解惑　在Scratch中，角色移动的过程中通过改变角色坐标的x、y值来改变角色的坐标位置。在本案例中，通过增加或减少y坐标的坐标值，呈现出小女孩舞蹈中跳跃动作的效果，也可以通过增减x坐标的坐标值，呈现出小女孩在舞台上来回跳舞的动作效果。

第 4 章

千挑万选：选择结构

在第 3 章中，我们已经对顺序结构有了初步了解。接下来的任务是将程序设计得更有逻辑性、更符合实际。

本章将通过多个案例，讲解根据条件进行判断的选择结构，围绕单分支条件结构、多分支条件结构、嵌套条件结构等，学习针对各种问题编写相应代码，进行选择和判断。下面就让我们在创作过程中，一起体验利用选择结构解决实际问题的方法吧！

🎓 学习内容

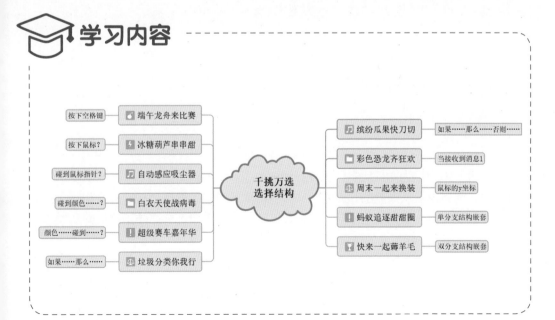

<table>
<tr><td>案例 37</td></tr>
</table>

案例 **37**	**端午龙舟来比赛** 案例知识："按下空格键"积木

端午节赛龙舟是中国一项重要的传统民俗活动，有祈求福佑、风调雨顺、事事如意的寓意。小薇同学将这项传统民俗活动编写成一个小程序，龙舟比赛开始时，两条龙舟在起始位置同时出发，玩家利用空格键和↑键分别控制两条龙舟的行驶，每按一次空格键和↑键，两条龙舟在水里移动不同的距离，通过反复移动，其中一条龙舟率先通过终点，赢得比赛！快来一起编写代码，实现这样有趣的动画效果吧。

1. 案例分析

本案例为两条龙舟在河流里比赛，经过多次移动后，一条龙舟先到达终点，另一条龙舟后到达终点，先到达终点的龙舟为获胜方。

想一想

> (1) 利用键盘上的哪些键可以控制龙舟的移动？
>
> (2) 龙舟在河流中怎样移动才能到达终点？

理一理　本案例为龙舟比赛的场景，需要考虑添加河流背景和龙舟角色。赛龙舟比赛开始时，两条龙舟从河流的起点同时向终点移动，每次需要通过按键进行判断，如果为"真"则龙舟移动，如果为"假"则龙舟不移动，所以需要考虑使用等待判断来控制龙舟的移动。请尝试将思考的结果填在下图的横线中。

2. 案例准备

选择积木　"按下空格键"属于侦测类积木，当用户按下的键为"真"时，则条件成立，执行下面的程序；如果为"假"，则条件不成立，继续等待。默认为"空格键"。

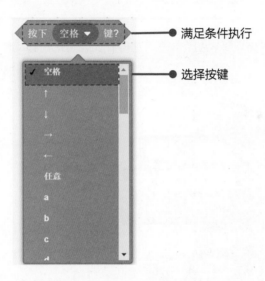

算法设计　本案例的关键是将按下的是否为空格键作为龙舟移动的判断条件，通过判断，让龙舟不断移动，最终到达终点。解决问题的思路如图所示。

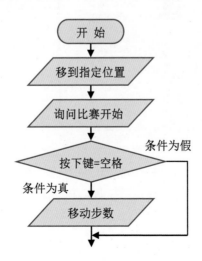

3. 实践应用

添加背景和角色　运行Scratch软件，新建程序，如图所示，从素材文件夹中导入河流背景，添加角色"龙舟""龙舟2"。

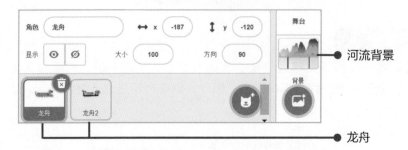

河流背景

龙舟

编写角色"龙舟"代码　选择角色"龙舟"，编写龙舟移动的代码，参考代码如图所示。

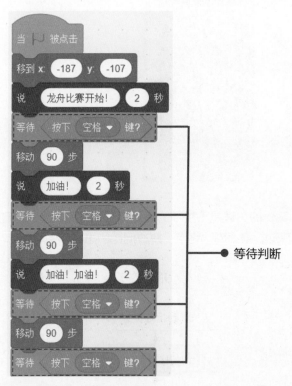

等待判断

编写角色"龙舟2"代码　选择角色"龙舟2"，复制"龙舟"代码，粘贴到角色"龙舟2"中，调整初始位置，将按键修改为↑，并修改移动时的参数值。

测试程序　反复测试程序，观察龙舟在河流中的移动位置，运行结果如图所示。

　　答疑解惑　在Scratch中，将"按下空格键"积木与"等待……"积木组合使用，可以让玩家共同参与到游戏中来，通过等待判断来一步步执行程序。如本案例中，只有玩家按下的键正确，龙舟才会行驶，否则龙舟一直处于等待状态。

案例 38　冰糖葫芦串串甜
案例知识："按下鼠标？"积木

　　小妞妞很喜欢吃冰糖葫芦，于是她将串冰糖葫芦的过程编写成一个小程序。运行时，冰糖葫芦随机放在托盘中，用鼠标控制冰糖葫芦的移动，当鼠标单击冰糖葫芦时，它会移到小棒的相应位置，一个个串在一起，十分有趣。赶快来一起制作一串又香又甜的冰糖葫芦吧！

1. 案例分析

　　本案例中冰糖葫芦零散放在托盘中，只有将其一个个串在小棒上，才能成为一串冰糖葫芦。

想一想

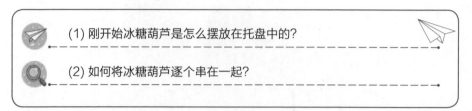

(1) 刚开始冰糖葫芦是怎么摆放在托盘中的？

(2) 如何将冰糖葫芦逐个串在一起？

理一理　本案例要实现将冰糖葫芦一个个串在小棒上的动画效果，可以选择托盘图片作为背景，添加多个冰糖葫芦角色。冰糖葫芦开始放在托盘中，需要将它们一个个移到小棒的不同位置，形成串在一起的动画效果。因此，通过使用按下鼠标，来侦测冰糖葫芦是否被单击，如果果为"真"，则冰糖葫芦移动，如果为"假"，则不移动。请你将思考的结果填写在横线处。

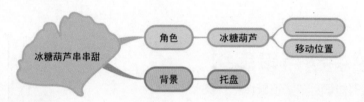

2. 案例准备

选择积木　"按下鼠标？"属于侦测类积木，当角色按下鼠标的返回值为"真"，则条件成立，执行下面的程序；如果返回值为"假"，则条件不成立，继续等待。

算法设计　本案例的关键是利用按下鼠标进行判断，将冰糖葫芦串在小棒上。解决问题的思路如图所示。

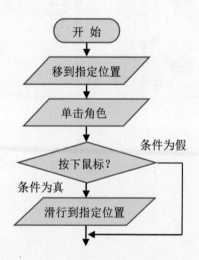

3. 实践应用

添加背景和角色　运行Scratch软件，新建程序，如图所示，从素材文件夹中添加托盘背景，添加角色"小棒""冰糖葫芦"，并复制3个同样的"冰糖葫芦"角色。

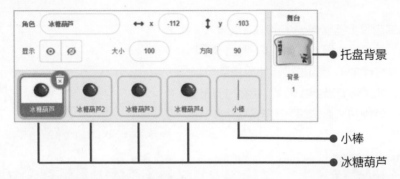

编写角色"冰糖葫芦"代码　选择角色"冰糖葫芦"，编写将冰糖葫芦串在小棒上的代码，参考代码如图所示。

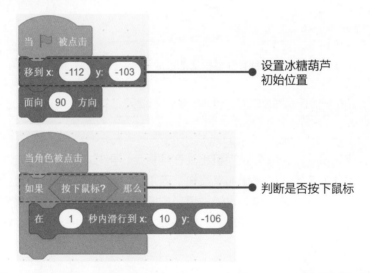

测试程序　调试程序，观察冰糖葫芦是否移至小棒相应位置，查看程序运行效果。

答疑解惑　在Scratch中，"按下鼠标？"积木通常与控制类积木组合使用，通过选择判断让程序产生更好的动画效果。如在本案例中，可以通过单击来判断冰糖葫芦是否移动，也可以使用"按下空格键"积木，设置按下键盘上的其他键来控制冰糖葫芦的移动。

案例
39

自动感应吸尘器

案例知识：碰到鼠标指针？

自动感应吸尘器就像一个小小的机器人，非常智能。单击吸尘器，开始打扫卫生，吸尘器自动寻找客厅地板上的垃圾，如果找到垃圾就会清理，如果没有就继续寻找，整个打扫过程不需要人为控制。你能编写出自动感应吸尘器的程序吗？一起来试试吧！

1. 案例分析

本案例要制作一个吸尘器自动清理垃圾的程序，实现将地板上的各种垃圾清理干净的效果。

想一想

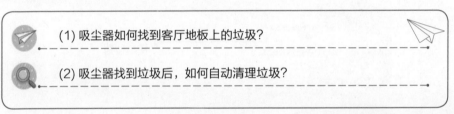

(1) 吸尘器如何找到客厅地板上的垃圾？

(2) 吸尘器找到垃圾后，如何自动清理垃圾？

理一理 本案例中，垃圾先是随机出现在地板上，再被吸尘器清理走，因此需要添加客厅地板图片作为背景，还要添加苹果核、西瓜皮、鱼骨头等角色信息。吸尘器在客厅清理垃圾时，需要在地板上自动寻找垃圾，因此需要设置吸尘器是否碰到垃圾的判断条件，如果碰到垃圾，垃圾被清理走，否则继续寻找垃圾。请仔细思考，将结果填写在横线处。

2. 案例准备

选择积木 "碰到鼠标指针？"属于侦测类积木，该积木一般用于条件语句中的条件式。根据条件式的值，选择执行相应指令，默认为"鼠标指针"。"碰到鼠标指针？"积木既可以侦测鼠标指针，也可以侦测其他角色。

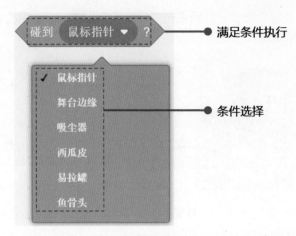

算法设计　本案例的关键是吸尘器感应到垃圾后，会自动将垃圾清理走。解决问题的思路如图所示。

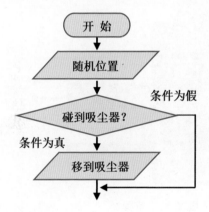

3. 实践应用

添加背景和角色　运行Scratch软件，新建程序，从素材文件夹中添加背景"客厅"，添加角色"吸尘器""苹果核""西瓜皮""易拉罐""鱼骨头"，效果如图所示。

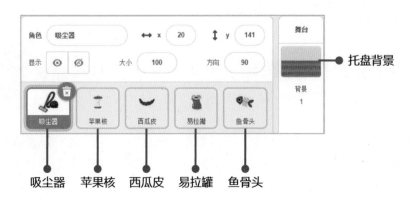

编写角色"吸尘器"代码　选择角色"吸尘器"，编写吸尘器在舞台中随机移动的代码，参考代码如图所示。

设置吸尘器
随机移动

编写角色"苹果核"代码　选择角色"苹果核"，编写垃圾被吸尘器清理走的代码，参考代码如图所示。

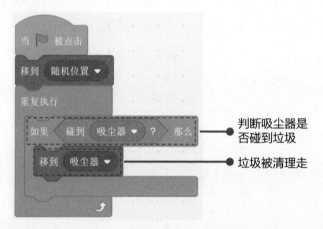

判断吸尘器是
否碰到垃圾

垃圾被清理走

编写其他角色代码　选择角色"苹果核"代码，复制并粘贴到其他角色中。

测试程序　运行并测试程序，查看吸尘器清理垃圾的动画效果。

答疑解惑　在Scratch中，"碰到鼠标指针？"积木既可以侦测鼠标指针，也可以侦测程序中的其他角色，该积木可以作为选择条件中的条件式。如本案例中"碰到鼠标指针？"积木可以直接作为选择语句中的条件式，判断吸尘器是否碰到垃圾，如果碰到，垃圾将被清理走。

案例 40 白衣天使战病毒
案例知识："碰到颜色……？"积木

白衣天使检查卫生时，发现房内有很多病毒，于是她编写了一个消灭病毒的程序。运行时，各种病毒在房间内随机移动，如果病毒在移动过程中碰到白衣天使，病毒消失，如果没有碰到白衣天使，就在房间内继续移动。你会编写这个程序吗？

1. 案例分析

本案例中，有5个病毒在房间内移动，白衣天使需要将这些病毒全部消灭掉，才能完成任务。

想一想

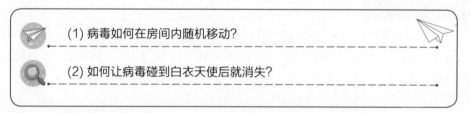

(1) 病毒如何在房间内随机移动？

(2) 如何让病毒碰到白衣天使后就消失？

理一理　本案例需要制作一个白衣天使在房间内消灭病毒的场景，因此要添加与室内有关的背景图片，添加白衣天使、病毒等角色信息。病毒在房间内是随机移动的，没有固定的坐标位置，需要通过设置碰到颜色，作为病毒是否碰到白衣天使的判断条件。请仔细思考，将思考的结果填写在横线处。

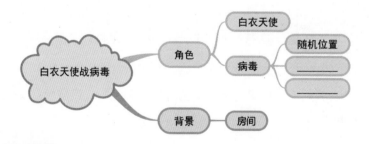

2. 案例准备

选择积木 "碰到颜色 ？" 属于侦测类积木。当角色在舞台移动过程中碰到指定颜色时，返回值为"真"，则条件成立，执行下面的程序；如果返回值为"假"，则条件不成立，继续等待。

颜色选择

算法设计　本案例的关键是对病毒碰到白衣天使进行颜色判断，让病毒碰到白衣天使后就消失。解决问题的思路如图所示。

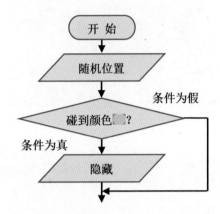

3. 实践应用

添加背景和角色　运行Scratch软件，新建程序，如图所示，从背景库中添加房间背景，从素材文件夹中添加角色"白衣天使""病毒1""病毒2""病毒3""病毒4""病毒5"。

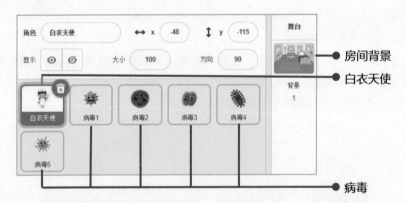

编写角色"白衣天使"代码　选择角色"白衣天使"，设置她在房间中的坐标位置，参考代码如图所示。

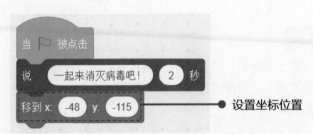

设置坐标位置

编写角色"病毒 1"代码　选择角色"病毒 1"，编写病毒在房间内移动，碰到白衣天使消失的代码，参考代码如图所示。

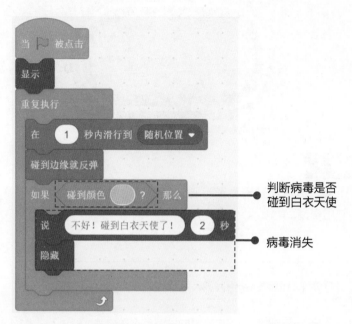

判断病毒是否碰到白衣天使

病毒消失

编写其他角色代码　复制角色"病毒 1"代码，分别粘贴到"病毒 2""病毒 3""病毒 4""病毒 5"角色中，编写其他病毒碰到白衣天使消失的代码。

测试程序　调试程序，观察程序运行结果。

答疑解惑　利用"碰到颜色……？"积木，可以使角色对碰到的颜色进行侦测，让游戏更加符合逻辑，或者呈现出不同的动画效果。如通过侦测颜色使某个角色只能在一定范围内移动，或者角色遇到某个颜色游戏就结束等。

案例
41

超级赛车嘉年华

案例知识："颜色……碰到……？"积木

游乐园里举行赛车嘉年华活动，比赛开始前，赛车需停留在环形赛道的起始点，当听到指令"3、2、1比赛开始"后出发行驶，赛车必须始终保持在赛道上行驶，并完成多个转弯操作，最终完成比赛。你会根据赛车行驶路线，编写出赛车移动的代码吗？快来试试吧！

1. 案例分析

本案例中，赛车要围绕环形赛道行驶，其中包含很多转弯，要保证赛车只能在赛道上行驶，不能驶出赛道。

想一想

(1) 赛车行驶时，如何完成转弯操作？

(2) 赛车行驶时，如果向左或向右偏离赛道该怎么解决？

理一理　本案例为赛车在环形赛道上行驶的场景，编写程序时，需要选择环形赛道图片作为背景，还要添加赛车角色。此外，需要思考不管赛车是直线行驶、左转弯或右转弯，都要确保赛车在赛道上，因此需要利用赛车头部左右两边的颜色和赛道颜色进行判断。请仔细思考，将横线中的内容填写完整。

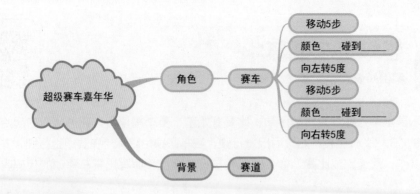

2. 案例准备

选择积木　"颜色……碰到……？"属于侦测类积木。当角色在舞台移动过程中进行颜色判断，如果两种颜色碰到后返回值为"真"，则条件成立，执行下面的程序；反之，则条件不成立，继续等待。

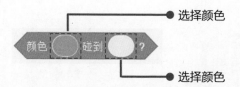

算法设计 本案例的关键是通过颜色判断来控制赛车的移动方向，在行驶过程中，如果赛车头部颜色⬤碰到⚪，说明赛车向右偏离，应向左旋转5度；如果赛车头部颜色⬤碰到⚪，说明赛车向左偏离，应向右旋转5度，这样可以保持赛车始终在赛道上行驶。解决问题思路如图所示。

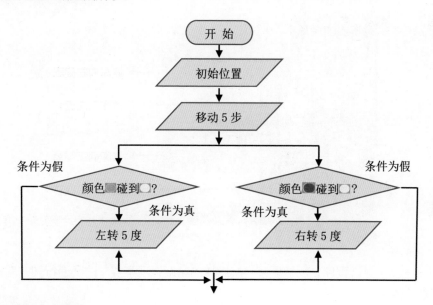

3. 实践应用

添加背景和角色 运行Scratch软件，新建程序，从素材文件夹中导入赛道背景，添加角色"赛车"，并拖动至合适位置，效果如图所示。

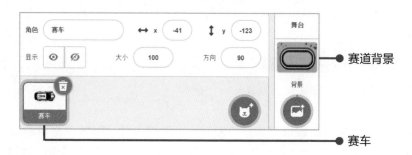

编写角色 "赛车" 代码 选择角色 "赛车", 编写赛车沿赛道行驶的代码, 参考代码如图所示。

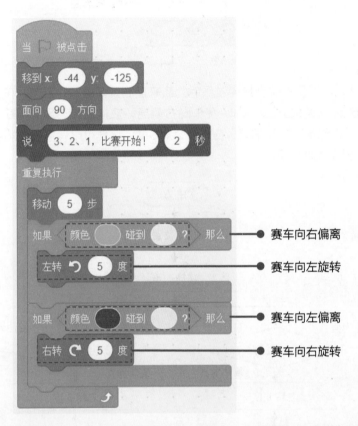

测试程序 测试程序, 反复调整赛车旋转的角度, 观察赛车的赛道行驶方向, 直到实现满意的效果。

答疑解惑 在Scratch中, 利用 "颜色……碰到……?" 积木, 可以让角色沿着预计路线行驶, 类似的游戏还有巡线游戏、迷宫游戏等。如本案例中, 利用赛车车头两边的颜色和赛道颜色进行判断, 如果赛车向右偏离就向左旋转, 如果赛车向左偏离就向右旋转, 进而控制赛车的行驶方向, 让赛车始终保持在赛道上行驶。

案例 42 垃圾分类你我行
案例知识: "如果……那么……" 积木

学校为了让学生了解垃圾分类, 开发了一个垃圾分类小游戏, 希望能够帮助学生养成良好的生活习惯。游戏规则是当玩家发现垃圾后, 需要先观察垃圾, 并对其进行分类, 通过按下不同的数字键(1、2、3、4), 将不同的垃圾放入相应垃圾桶。如果垃圾的分类"正确"，则放入相应垃圾桶；如果分类"错误"，则需要重新分类。我们一起来看看程序是怎么制作的吧!

1. 案例分析

本案例中，需要对多种垃圾进行分类管理，因游戏中设计了4个垃圾桶，因此可以将垃圾分为4类，并且分别放入对应的垃圾桶中。

想一想

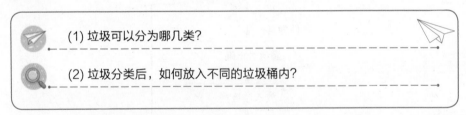

(1) 垃圾可以分为哪几类?

(2) 垃圾分类后，如何放入不同的垃圾桶内?

理一理 本案例需要对不同的垃圾进行分类，并放入相应垃圾桶，添加学校背景图片，以及垃圾和垃圾桶等角色信息。根据垃圾分类管理要求，垃圾可分为厨余垃圾、有害垃圾、可回收垃圾和其他垃圾4种类型，因此先给垃圾桶设置不同编号，然后将垃圾正确分类并放入不同的垃圾桶。请将思考的结果填写在横线处。

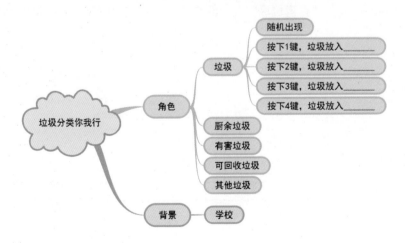

2. 案例准备

选择积木 "如果……那么……"属于控制类积木。该积木是Scratch编程中的单分支选择结构语句，当条件式成立时，执行其中间的积木指令。

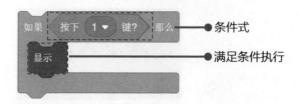

算法设计 本案例的关键是当垃圾类型和垃圾桶编号相对应时，才能将垃圾放入垃圾桶。解决问题的思路如图所示。

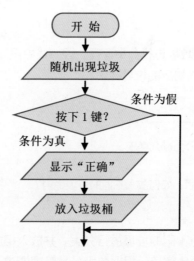

3. 实践应用

添加背景和角色 新建程序，如图所示，从素材文件夹中添加学校背景，添加角色 "垃圾""厨余垃圾""有害垃圾""可回收垃圾""其他垃圾"，并调整大小，拖动至合适位置。

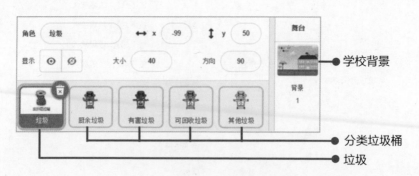

编写角色"垃圾"代码　选择角色"垃圾"，编写垃圾分类后放入相应垃圾桶的代码，部分参考代码如图所示。

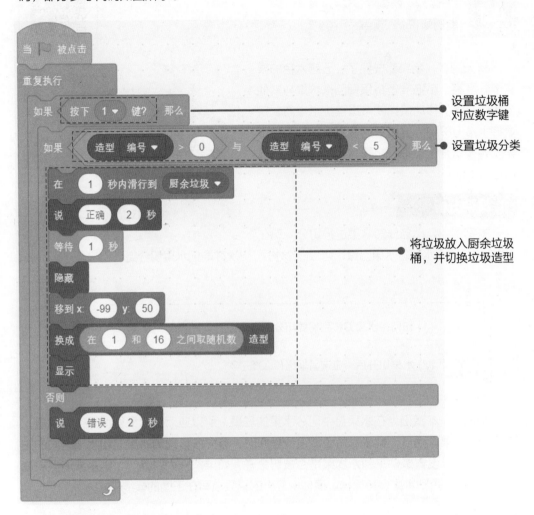

测试程序　调试程序，对舞台上显示的垃圾进行分类，并按下数字键，观察垃圾放入相应的垃圾桶内的动画效果。

答疑解惑　在Scratch中，常用的关系运算包括"大于""等于""小于"等，运算的值只有2个，要么是True，要么是False。关系运算多运用于条件判断语句，如本案例中的"如果……那么……"积木中的条件式，"造型编号>0"与"造型编号<5"，只有两边都为True，结果才为True，垃圾才能放入对应的垃圾桶。

案例 43 缤纷瓜果快刀切

案例知识："如果……那么……否则……"积木

秋天到了，水果都成熟了，五颜六色的果实十分漂亮。小猫准备将采摘回来水果与其他小伙伴分享。移动鼠标就可以操控水果刀，只要将水果刀移到需要切分的水果上并单击，水果就会被切开！快来一起编写代码，帮助小猫切分水果吧！

1. 案例分析

本案例中，小猫要对水果进行切分，现在水果篮中有3个水果，水果刀每次切分一个水果，3次才能把水果切分完。

想一想

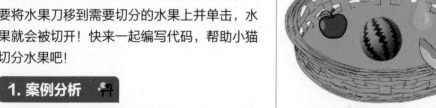

(1) 如何将水果刀移到需要切分的水果处？

(2) 水果切开后，应该呈现出什么样子？

理一理　本案例为在水果盘中切分水果的场景，所以应添加水果篮图片作为背景，还要添加苹果、西瓜、梨子等角色。设计程序时，首先应该理清水果刀和水果之间的关系，然后通过设置条件来判断水果是否被切分开，如果条件为"真"，则水果造型换成另一个样子，否则水果保持原样。请你将分析的结果填写在下图的横线中。

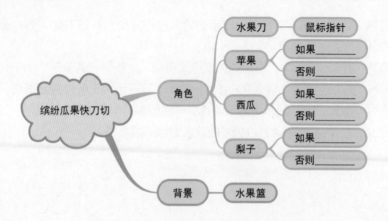

缤纷瓜果快刀切
- 角色
  - 水果刀 — 鼠标指针
  - 苹果
    - 如果_____
    - 否则_____
  - 西瓜
    - 如果_____
    - 否则_____
  - 梨子
    - 如果_____
    - 否则_____
- 背景 — 水果篮

2. 案例准备 👷

选择积木 "如果……那么……否则……"属于控制类积木。该积木是Scratch编程中的双分支选择结构语句，当条件式成立时，执行"那么"下面的积木指令，当条件式不成立时，执行"否则"下面的积木指令。

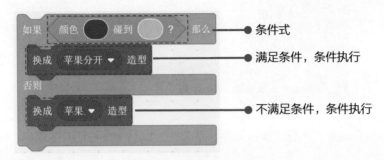

- 条件式
- 满足条件，条件执行
- 不满足条件，条件执行

算法设计 本案例的关键，是只有当水果刀碰到相应水果的颜色，才能被切分开。解决问题的思路如图所示。

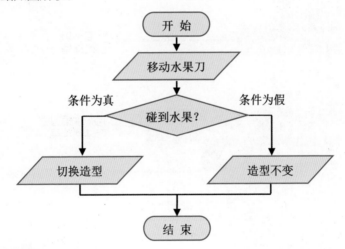

3. 实践应用 🏃

添加背景和角色 运行Scratch软件，新建程序，从素材文件夹中导入水果篮背景，添加角色"水果刀""苹果""西瓜""梨子"，效果如图所示。

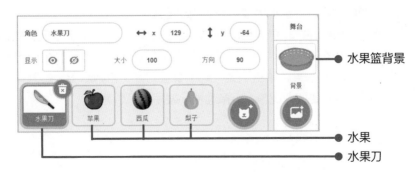

- 水果篮背景
- 水果
- 水果刀

131

编写角色"水果刀"代码　选择角色"水果刀"，编写水果刀移动的代码，参考代码如图所示。

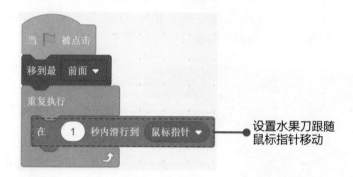

设置水果刀跟随
鼠标指针移动

编写角色"苹果"代码　选择角色"苹果"，编写苹果被切开的代码，参考代码如图所示。

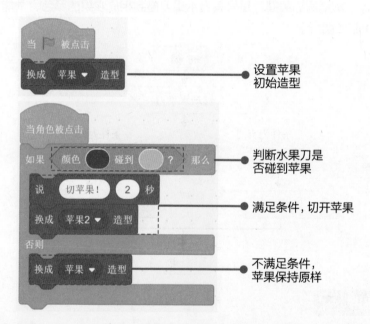

设置苹果
初始造型

判断水果刀是
否碰到苹果

满足条件，切开苹果

不满足条件，
苹果保持原样

编写其他角色代码　复制角色"苹果"代码，粘贴到"西瓜""梨子"角色中，并修改造型，编写其他水果被切开的代码。

测试程序　调试程序，观察水果被切开后的动画效果。

答疑解惑　在Scratch中，可以将两个"如果……那么……"的单分支选择结构，合并为一个"如果……那么……否则……"的双分支选择结构。如本案例中使用双分支选择结构，如果水果刀碰到水果，单击水果，则水果被切开，否则水果保持原样。使用双分支选择结构可以让程序更加有逻辑、有条理性，编写代码更高效。

案例 44 彩色恐龙齐狂欢

案例知识："当接收到消息1"积木

森林里，恐龙们正在举行狂欢派对，表演开始后，音乐便会响起。单击恐龙，舞台上的恐龙们接收到"开始狂欢"的消息后，它们便扭动身体，开始跳舞，同时身体呈现出不同颜色的效果，十分可爱；当按下空格键，狂欢结束。下面就一起来编写程序，实现动画效果吧！

1. 案例分析

本案例中，舞台上有一只大恐龙和两只小恐龙，当程序运行后，呈现出3只恐龙在舞台上随着音乐一起狂欢的场景。

想一想

> (1) 当恐龙接收到什么消息时，才会开始跳舞？
>
> (2) 你想让恐龙在跳舞时，呈现出哪些效果？

理一理　本案例要实现恐龙接收到"开始狂欢"消息后，在舞台上随着音乐跳舞的动画效果，可以选择与舞台相关的图片作为背景，添加小恐龙角色作为表演对象。根据题意，应该先选择合适的音乐，同时考虑如何让恐龙接收到"开始狂欢"消息，恐龙接到消息后应该完成哪些动作效果，按下哪个键可以结束狂欢等。请仔细思考，将结果填写在横线处。

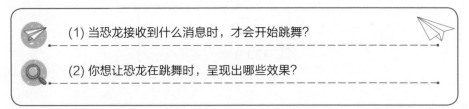

2. 案例准备

选择积木　"当接收到消息1"属于事件类积木。该积木可以向所有角色广播一条消息，当角色接收到相应的消息后，会执行下面的程序。

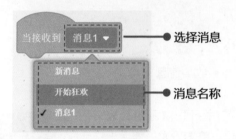

算法设计　本案例的关键是通过广播和接收消息，让恐龙开始或停止表演。解决问题的思路如图所示。

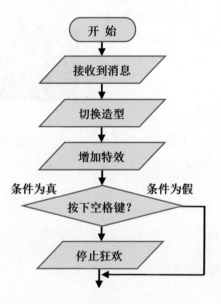

3. 实践应用

添加背景和角色　运行Scratch软件，新建程序，如图所示，添加表演舞台背景，添加角色"恐龙1""恐龙2""恐龙3"，并拖至舞台左上角。

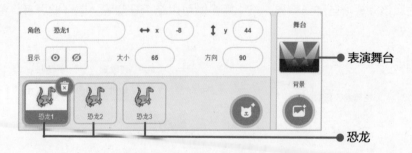

编写角色"恐龙1"代码 选择角色"恐龙1"，编写恐龙跳舞的代码，参考代码如图所示。

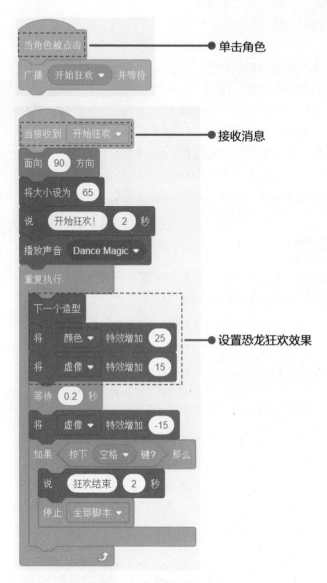

编写其他角色代码 复制角色"恐龙1"代码，并粘贴到"恐龙2""恐龙3"角色中，修改特效参数值，编写其他恐龙一起跳舞的代码。

测试程序 运行程序，调整恐龙特效的参数值，观察恐龙狂欢时的动画效果。

答疑解惑 任何角色都可以接收带有名称的消息，如本案例中，接收消息的名称为"开始狂欢"。将事件模块中的"广播"积木和"当接收到消息1"积木组合使用，可以让角色在接收消息后完成相应的动画效果。本案例中，当接收到"开始狂欢"消息时，舞台上的恐龙响应互动，开始跳舞，按下空格键就会停止狂欢。

案例	周末一起来换装
45	案例知识："鼠标的y坐标"积木

周末到了，小女孩准备和朋友们一起去郊游，她需要在出门前完成穿搭，可是小女孩在房间里找不到自己的衣服和配饰，她邀请大家帮忙一起寻找。玩家可以通过移动鼠标，寻找衣服和配饰，当鼠标移动到相应坐标位置，衣服和配饰会自动显示，然后单击衣服和配饰，完成试穿。一起来设计程序，帮助小女孩完成衣饰的搭配吧！

1. 案例分析 🏃

本案例中，玩家需要先在房间内帮助小女孩找到衣服和配饰，然后根据要求为小女孩试穿，直到找到合适的服饰搭配。

想一想

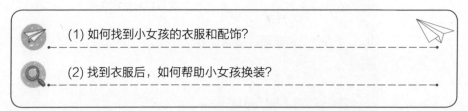

(1) 如何找到小女孩的衣服和配饰？

(2) 找到衣服后，如何帮助小女孩换装？

理一理　本案例为小女孩在房间里寻找衣服和配饰，进行穿搭的场景，所以应该选择与卧室有关的背景图片，还需要添加角色小女孩。此外，小女孩的衣服和配饰有多个，还需要确定衣服和配饰的坐标位置，通过鼠标的坐标值来控制衣服和配饰的显示和隐藏。请将分析的结果填写在横线处。

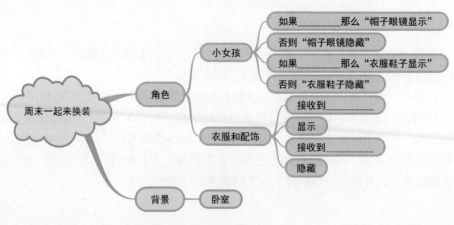

周末一起来换装
- 角色
  - 小女孩
    - 如果_____那么"帽子眼镜显示"
    - 否则"帽子眼镜隐藏"
    - 如果_____那么"衣服鞋子显示"
    - 否则"衣服鞋子隐藏"
  - 衣服和配饰
    - 接收到_____
    - 显示
    - 接收到_____
    - 隐藏
- 背景
  - 卧室

2. 案例准备

选择积木　"鼠标的y坐标"属于侦测类积木。该积木可以存储鼠标的y轴坐标值，如果坐标在指定位置，就广播对应的消息。

算法设计　本案例的关键是服装和配饰均被隐藏，需要使用鼠标检测角色坐标的位置才能找到。解决问题的思路如图所示。

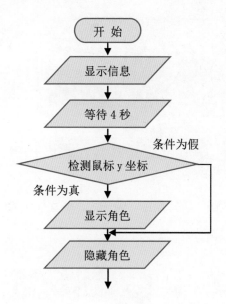

3. 实践应用

添加背景和角色　运行Scratch软件，新建程序，如图所示，从素材文件夹中添加卧室背景，从角色库中添加角色"harper""hat""glasses""dress""shoes"，并分别重命名为"小女孩""帽子""眼镜""裙子""鞋子"，拖至舞台合适位置。

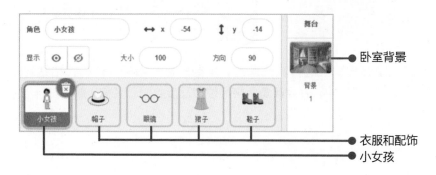

编写角色"小女孩"代码 在角色"小女孩"中编写显示或隐藏角色"裙子"和"鞋子"代码，参考代码如图所示。再用同样的方法，编写显示或隐藏"帽子"和"眼镜"代码。

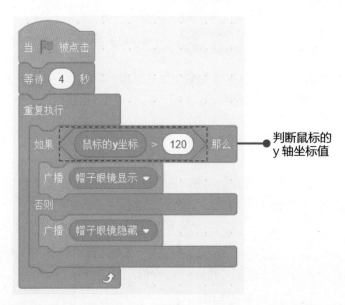

编写角色"帽子"代码 选择角色"帽子"，编写显示和隐藏帽子的代码，参考代码如图所示。

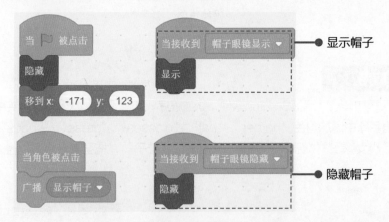

编写其他配饰代码 选择其他角色，复制角色"帽子"代码，粘贴到角色"眼镜""裙子""鞋子"中，并修改角色坐标位置及接收消息名称，编写试穿衣服和配饰的代码。

测试程序　测试程序，观察小女孩的换装效果，运行结果如图所示。

答疑解惑　灵活使用侦测类和控制类积木，可以让游戏更加有趣。本案例中，通过侦测鼠标的坐标值，帮助小女孩找到衣服和配饰，还可以使用侦测类积木，将侦测的角色信息、回答等赋值给关系运算式，生成更为复杂的条件式，让游戏更具挑战性。

案例 46　蚂蚁追逐甜甜圈

案例知识：单分支结构嵌套

余小墨同学制作了一个"蚂蚁追逐甜甜圈"小游戏，小蚂蚁需要在迷宫里找到甜甜圈，才能闯关成功。在寻找食物的过程中，通过按下不同的方向键，可以控制小蚂蚁移动的方向。如果小蚂蚁碰到边缘就会反弹，如果碰到蟑螂则游戏结束。一起来编写程序，完成这个有趣的游戏效果吧！

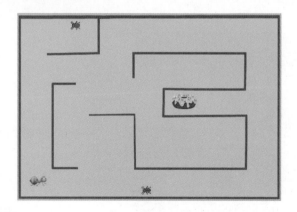

1. 案例分析

本案例要制作一个小蚂蚁在迷宫中爬行的程序，游戏中小蚂蚁要通过移动来寻找甜甜圈，并且要避免碰到边缘，还要避免蟑螂。

想一想

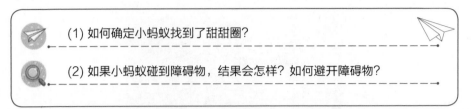

(1) 如何确定小蚂蚁找到了甜甜圈？

(2) 如果小蚂蚁碰到障碍物，结果会怎样？如何避开障碍物？

理一理　本案例为在迷宫中寻找甜甜圈的场景，应该以迷宫图片作为背景，还需要添加角色小蚂蚁的相关信息。因为小蚂蚁是在迷宫中寻找甜甜圈，所以小蚂蚁的移动范围只能在迷宫内，同时不能碰到障碍物"蟑螂"。请将思考的结果填写在横线处。

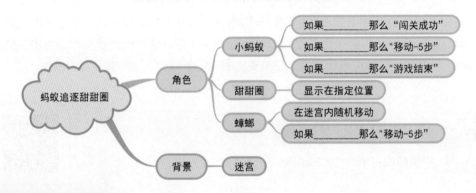

2. 案例准备

选择积木　"如果……那么……"属于控制类积木中的单分支选择结构语句。该积木可以嵌套使用，在单分支条件语句中嵌套条件语句，让角色根据条件进行判断，符合条件，则执行相应的指令。

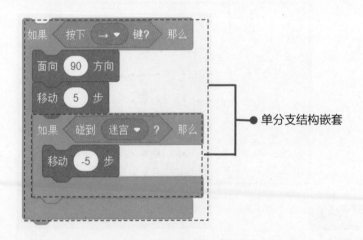

单分支结构嵌套

算法设计　本案例的关键是小蚂蚁在迷宫中移动，避开障碍物，并成功找到甜甜圈。解决问题的思路如图所示。

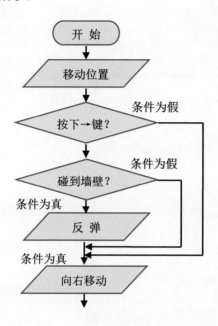

3. 实践应用

添加背景和角色　新建程序，如图所示，绘制迷宫背景，将颜色填充为"绿色"，添加角色"小蚂蚁""甜甜圈""蟑螂""迷宫"，并调整至合适位置。

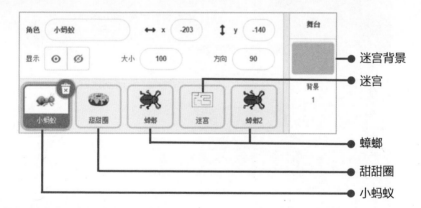

编写角色"小蚂蚁"代码　选择角色"小蚂蚁"，编写小蚂蚁在迷宫内寻找食物的代码，部分参考代码如图所示。

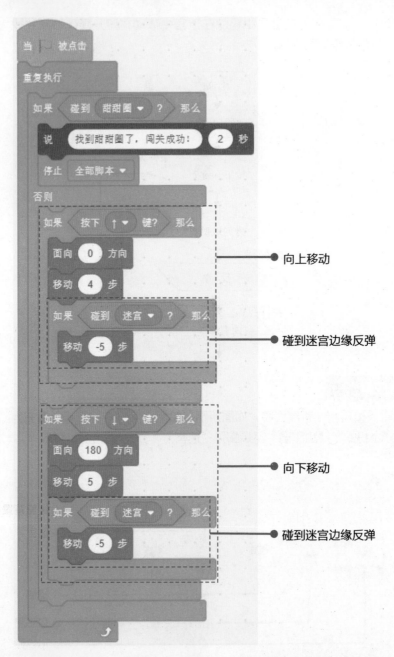

編寫角色"蟑螂"代码　选择角色"蟑螂"，编写蟑螂在迷宫内移动的代码，参考代码如图所示。

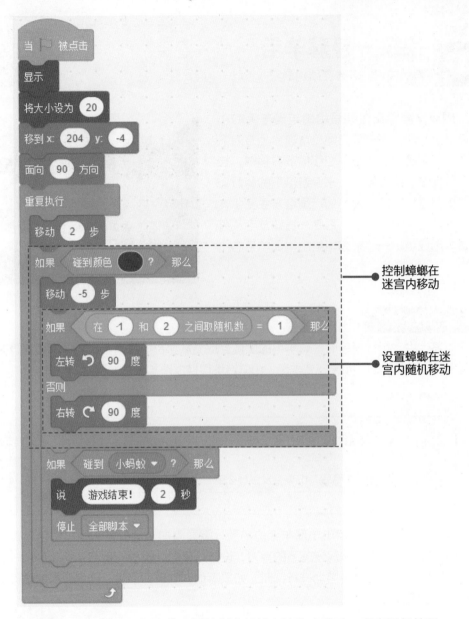

控制蟑螂在
迷宫内移动

设置蟑螂在迷
宫内随机移动

测试程序 运行程序，利用方向键控制小蚂蚁在迷宫内移动，观察运行效果。

答疑解惑 在Scratch中，如果条件多样，可以嵌套使用"如果……那么……"积木，将程序的动画效果一一呈现出来。如本案例中，小蚂蚁如果碰到甜甜圈，则闯关成功；如果碰到迷宫墙壁，则移动-5步；如果碰到蟑螂，则游戏结束。这些动画效果可以在编写代码时，使用嵌套单分支选择结构语句来实现。

<table>
<tr><td>案例
47</td><td>**快来一起薅羊毛**
案例知识：双分支结构嵌套</td></tr>
</table>

周小文同学正在编写给山羊薅羊毛的小程序。运行时，多把剪刀随机从舞台上方向下移动，玩家需要通过按下左移键或右移键，控制山羊向左、向右移动，来躲避落下的剪刀。如果剪刀碰到山羊，山羊的造型会发生变化，则薅到羊毛，游戏结束；否则一直薅羊毛，直到薅羊毛成功。一起来编写给山羊薅羊毛的代码吧！

1. 案例分析

本案例中，运行程序时，薅羊毛的工具会反复从舞台上方落下，山羊需要不停来回移动以防止被薅羊毛，如果薅到羊毛，山羊造型切换成薅羊毛后的造型。

想一想

(1) 薅羊毛需要使用什么工具？

(2) 薅到羊毛后，山羊会发生什么变化？

理一理　本案例为给山羊薅羊毛的场景，需要添加草地背景和山羊角色。薅羊毛时，山羊通过左右移动来躲避落下的剪刀，设计程序时，需要对剪刀是否碰到山羊进行判断，还需要对剪刀是否落地进行判断，如果落地，则剪刀消失。请将分析的结果填写在下图的横线中。

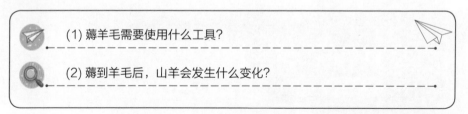

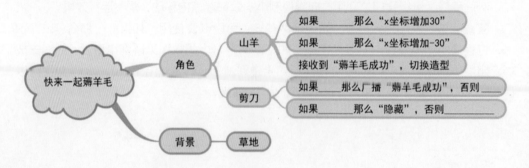

2. 案例准备

选择积木　"如果……那么……否则……"属于双分支选择结构语句。如果要测试更多的条件，可以把"如果……那么……否则……"相互嵌套，从而形成超过两条路径的多分支结构。

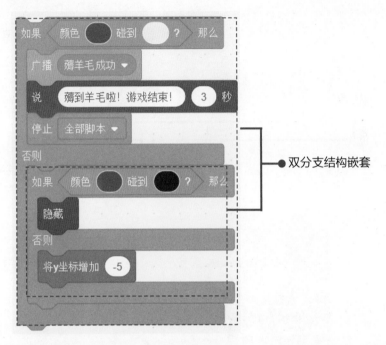

算法设计　本案例的关键是使用随机落下的剪刀，对山羊进行薅羊毛操作，如果薅到羊毛，山羊身体出现造型变化的效果。解决问题的思路如图所示。

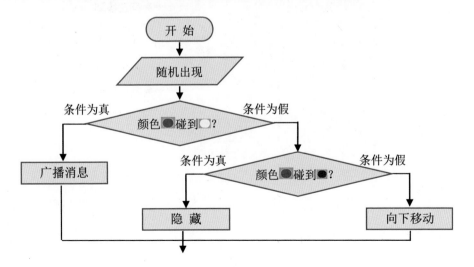

3. 实践应用 🚩

添加背景和角色　运行Scratch软件，新建程序，从背景库中导入草地背景，从素材文件夹中添加角色"山羊""剪刀"，效果如图所示。

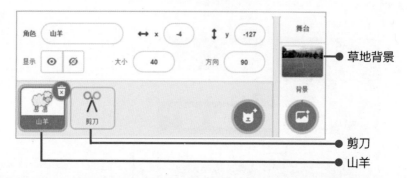

● 草地背景

● 剪刀

● 山羊

编写角色"山羊"代码　选择角色"山羊"，编写山羊移动的代码，参考代码如图所示。

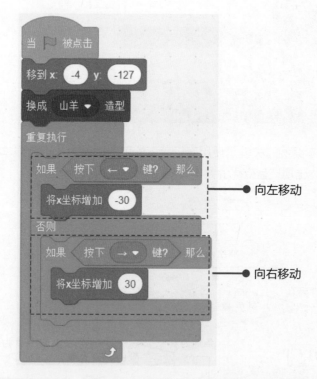

● 向左移动

● 向右移动

编写角色"剪刀"代码　选择角色"剪刀"，编写用剪刀薅羊毛的代码，部分参考代码如图所示。

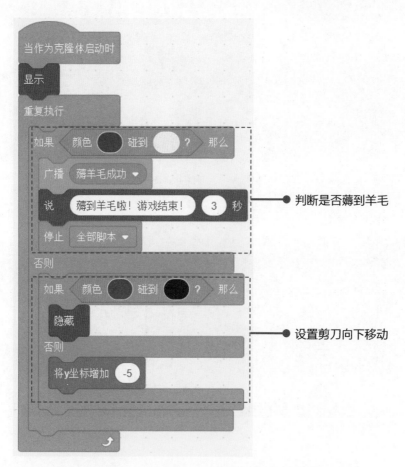

　判断是否薅到羊毛

　设置剪刀向下移动

测试程序　测试程序，查看山羊被薅羊毛后的造型变化，效果如图所示。

　　答疑解惑　在Scratch中，嵌套使用"如果……那么……否则……"积木，可以让程序根据逻辑表达式呈现出更多的动画效果。如本案例中，如果按下左键，山羊向左移动，如果按下右键，山羊向右移动；如果剪刀碰到山羊，游戏结束，停止全部代码，否则剪刀会一直落下，如果碰到地面，剪刀消失。类似多个选择条件，可以使用嵌套双分支选择结构语句来完成。

第5章

生生不息：循环结构

通过前一章的学习，我们已经学会了 Scratch 选择结构，能够利用编程去解决简单的问题。在编程实践中，我们经常会发现某些程序总是重复执行才能达到理想的效果，不仅费时，还使得程序臃肿，此时就可以使用循环结构，重复执行某些命令。

本章将通过多个案例讲解循环结构，帮助同学们快速制作出更加精彩的作品。

🎓 学习内容

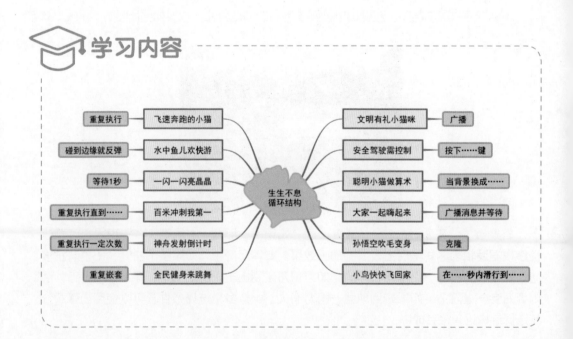

案例 48　飞速奔跑的小猫

案例知识： "重复执行"积木

生命在于运动，跑步、打球、游泳、爬山等运动可以增强体质，保持健康。你是否每天坚持锻炼身体呢？小猫是一位运动达人，非常喜欢跑步。现在，小猫正在奔跑，只见它双腿不停地交叉，两臂来回交替，速度飞快。一起编写代码，实现这样的动画效果吧！

1. 案例分析

根据题意，要制作一个小猫奔跑的程序，程序中小猫不停地奔跑，速度很快，双腿相互交换，手臂也随之摆动。

想一想

(1) 如何让小猫一直奔跑？

(2) 小猫的脚步是如何实现相互替换的？

理一理　要想实现小猫奔跑的动作，需要执行什么样的程序代码？请在下列代码中选择合适的代码。

2. 案例准备

选择积木　"重复执行"语句属于控制类积木，用于控制角色重复执行某些命令。在重复执行命令中，可以添加多条命令，实现角色的各种动作。

重复执行

添加脚本到此处

算法设计　本案例的关键是通过"重复执行"积木，重复变换角色的造型，实现奔跑的效果。解决问题的思路如图所示。

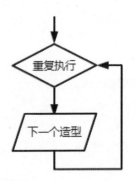

3. 实践应用

添加背景和角色　单击"背景"按钮，从素材库中添加蓝天背景，调整"小猫"的位置和大小，效果如图所示。

编写角色代码　选择角色"小猫"，编写小猫造型重复变换的代码，参考代码如图所示。

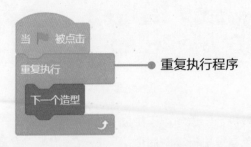

测试程序　运行程序，查看程序运行结果，观察小猫的运动效果，调试程序。

水中鱼儿欢快游

案例知识： "碰到边缘就反弹"积木

在深蓝的海底世界，小鱼们正在欢快地游来游去，它们一会儿往东游，一会儿往西游，好不自在。启动程序后，小鱼一直往前游动，每当碰到舞台的边缘，就自动调转方向，往相反的方向游去。

1. 案例分析

根据题意，要制作一个小鱼来回移动的效果，程序中应该包括背景、角色等信息，通过循环代码实现小鱼始终游动的效果。

想一想

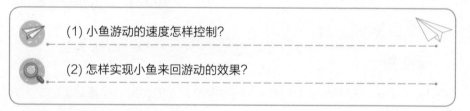

(1) 小鱼游动的速度怎样控制？

(2) 怎样实现小鱼来回游动的效果？

理一理　要想实现小鱼始终移动的效果，需要思考执行的程序代码，以及碰到了舞台边缘后的反弹效果。

2. 案例准备

选择积木　"碰到边缘就反弹"属于运动类积木，控制角色重复执行这一命令，才能实现角色的相关动作。

添加代码到此处

算法设计　本案例的关键是通过"重复执行"积木，根据任务添加多条代码，让小鱼在海底游来游去。解决问题的思路如图所示。

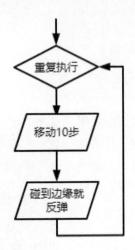

3. 实践应用

添加背景和角色　单击"背景"按钮，从素材库中添加海底背景，删除默认角色"小猫"，单击"选择角色"按钮，从素材库中添加"小鱼"角色，效果如图所示。

编写角色代码　选择角色"小鱼"，编写角色游动的代码，设置好旋转的方式等，参考代码如图所示。

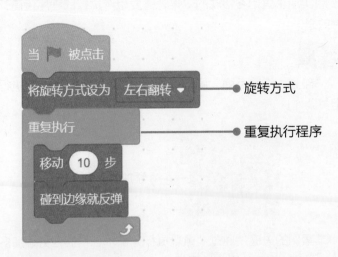

测试程序　运行程序，查看程序运行结果，通过调整"移动"参数值，变换角色游动的速度，并且调试程序。

案例
50
一闪一闪亮晶晶
案例知识："等待1秒"积木

夜晚，天上的星星一闪一闪，让人着迷。我们可以使用Scratch制作一颗属于自己的星星，让它在夜空中不停闪烁。让我们一起编写代码，实现这个动画效果吧！

1. 案例分析

根据题意，我们要制作一颗星星，并且让它在黑暗的夜空背景中不停闪烁。要实现这样的效果，编程中应该考虑背景、角色等信息。

想一想

> (1) 星星是如何一闪一闪的？
>
> (2) 星星闪烁的时间可以控制吗？

理一理　要想实现星星一闪一闪的效果，需要执行哪些代码？请在下图中选择合适的代码。

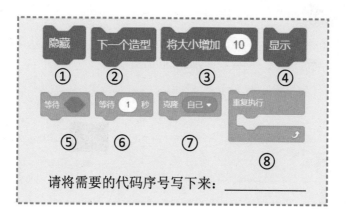

请将需要的代码序号写下来：＿＿＿＿＿＿

2. 案例准备

选择积木 "等待1秒"属于控制类积木，可以控制角色的动作时间，一般与其他代码组合使用，实现角色在规定的时间做出动作。

 时间控制代码

算法设计 本案例的关键是通过"等待1秒"积木，根据任务添加多条代码，让星星在夜空中一闪一闪。解决问题的思路如图所示。

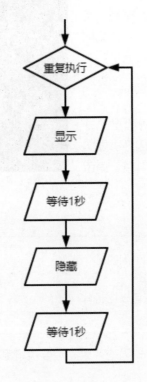

3. 实践应用

添加背景和角色 单击"背景"按钮，添加夜空背景，删除默认角色"小猫"，单击"角色"按钮，添加角色"星星"，效果如图所示。

 夜空背景

角色

编写角色"星星"代码　选择角色"星星"，编写角色显示与隐藏时的代码，实现星星的闪烁效果，参考代码如图所示。

测试程序　运行程序，查看程序运行结果，通过调整等待时间，调整星星闪烁的快与慢，调试程序。

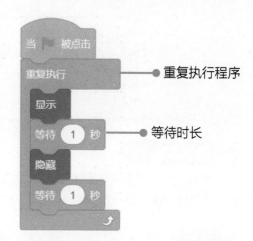

重复执行程序

等待时长

案例 51　百米冲刺我第一
案例知识："重复执行直到……"积木

运动会上，小猫拼尽全力，奋勇向前，终于第一个冲过终点。这样精彩的运动会场景可以在Scratch中实现，通过编写循环代码，能够控制多个角色运动的效果。让我们一起编写代码，制作这样的动画吧！

1. 案例分析　

根据题意，要制作这个小动物比赛跑步的动画，编程时应该考虑背景、角色等信息，通过条件循环代码实现角色到达终点后停止运动的效果。

想一想

（1）怎样才能判定小动物们已经到达终点了？

（2）小动物们到达终点后，如何停止它们的动作？

理一理　要想实现角色到达终点后停止运动的效果，需要执行怎样的程序代码？你是否认识下面的代码，知道它所表达的意思吗？

这是（　　　　　　）代码，
它表示＿＿＿＿＿＿＿＿＿
＿＿＿＿＿＿＿＿＿＿＿＿　。

2. 案例准备

选择积木　"重复执行直到……"属于控制类积木，可以控制角色，当重复执行达到某些条件时停止执行重复命令。

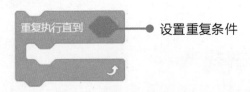

设置重复条件

算法设计　本案例的关键是通过"重复执行"积木，判断执行代码后是否满足条件，如果不满足继续执行代码，如果满足就退出重复。解决问题的思路如图所示。

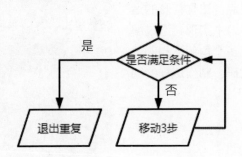

3. 实践应用

添加背景和角色　单击"背景"按钮，添加跑道背景，单击"选择角色"按钮，从素材库中选择3只动物角色，还需要上传彩带图片作为终点判断的条件，效果如图所示。

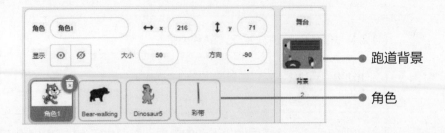

跑道背景

角色

编写角色"小猫"代码　选择角色"小猫"，编写角色比赛的代码，参考代码如图所示。

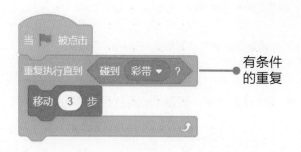

有条件
的重复

编写其他角色代码　用同样的方法，编写其他动物角色比赛的代码，设置不同的参数。

测试程序　运行程序，查看程序运行的结果，通过调整"移动"的参数值，调整各角色运动的快慢，调试程序。

案例 52 神舟发射倒计时

案例知识：重复执行一定次数

每一次神舟飞船的成功发射都让我们激动万分，真想亲临现场看看发射时的壮观场面。在Scratch中，通过编写循环代码，可以再现神舟飞船发射的场景，还可以实现倒数10秒钟的效果，每一秒都显示剩余的时间数，一直到发射完成。让我们一起编写代码，实现这样的动画效果吧！

1. 案例分析

根据题意，要做一个倒计时的程序，程序中应该包括背景、角色等信息，通过循环代码实现倒计时的效果。

想一想

(1) 如何实现倒计时中数字的显示与消失？

(2) 怎样设定倒计时并实现时间间隔相同的效果？

理一理　要想实现倒计时效果，需要哪些角色和怎样的背景？请把你的想法写出来。

角色：＿＿＿＿＿＿＿＿＿＿＿＿＿＿＿＿＿＿＿＿＿＿＿

背景：＿＿＿＿＿＿＿＿＿＿＿＿＿＿＿＿＿＿＿＿＿＿＿

2. 案例准备

选择积木　"重复执行一定次数"属于控制类积木，可以控制角色重复一定次数执行某些命令。在重复执行命令中，可以添加多条命令，实现角色的各种动作。

添加代码到此处

算法设计　本案例的关键是通过"重复执行"积木，根据任务添加多条代码，让数字随时间进行更换。解决问题的思路如图所示。

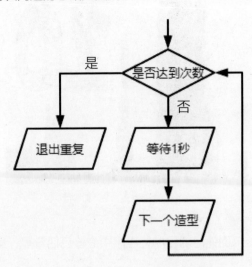

是否达到次数

是

退出重复

否

等待1秒

下一个造型

3. 实践应用

添加背景和角色　单击"背景"按钮，添加神舟背景，删除默认角色"小猫"，单击"选择角色"按钮，添加倒计时"数字10—0"角色，效果如图所示。

编写角色"倒计时"代码　选择角色"倒计时"，编写代码，实现10秒钟的倒计时效果，参考代码如图所示。

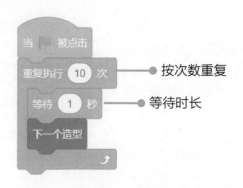

- 按次数重复
- 等待时长

测试程序　运行程序，查看倒计时效果，调整数字显示的位置，调试程序。

案例 53　全民健身来跳舞
案例知识： 重复嵌套

小明酷爱跳舞，每当音乐响起，他就会情不自禁地跳起舞来，不停地变换着动作，跟着音乐节拍一起摇摆。虽然他只是重复着舞蹈动作，但配合着音乐看起来却十分好看。音乐停止后，他也随之停止舞蹈。你知道如何制作舞蹈的动画程序吗？快来试一试吧！

1. 案例分析

要制作一个人物角色在舞台中舞蹈的效果，程序中应该包括背景、角色、音乐等信息，通过循环代码实现人物角色的舞蹈动作。

想一想

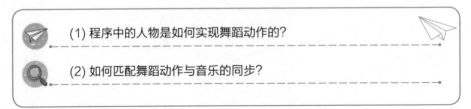

(1) 程序中的人物是如何实现舞蹈动作的？

(2) 如何匹配舞蹈动作与音乐的同步？

理一理　音乐的时间与舞蹈的时间不一样，需要协调两者的时长。

2. 案例准备

选择积木　"重复执行……次"属于控制类积木，重复执行中还可以添加重复执行，实现重复嵌套。针对本健身舞蹈案例，通过添加重复嵌套命令，可实现人物角色跟着音乐舞蹈的效果。

算法设计　本案例的关键是通过"重复执行……次"积木，根据任务添加重复命令，让人物角色跟随音乐舞蹈。解决问题的思路如图所示。

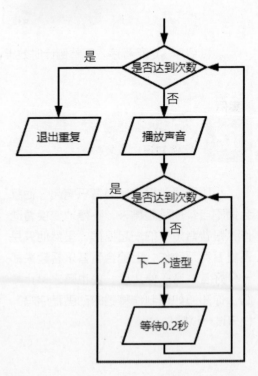

3. 实践应用

添加背景和角色　单击"背景"按钮，从素材库中添加舞台，删除默认角色"小猫"，单击"选择角色"按钮，从素材库中添加角色D-Money Dance，效果如图所示。

编写角色D-Money Dance代码　选择角色D-Money Dance，编写音乐和舞蹈的代码，让角色的舞蹈动作跟随音乐一起播放，参考代码如图所示。

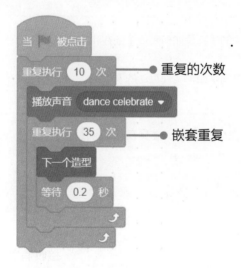

测试程序　运行程序，查看程序运行结果，通过调整"重复执行次数"参数，调试程序。

案例 **54**	**文明有礼小猫咪** 案例知识："广播"积木

小猫咪一直是个文明有礼的好孩子，这天，它在街角遇到了好朋友小狗，它们热情地打起了招呼。在Scratch中，通过广播消息代码，可以实现角色之间的互动效果。一起编写代码，实现这样的动画效果吧！

1. 案例分析

根据题意，要制作一个小猫咪遇见小狗打招呼的程序，程序应该包括背景、角色等信息，通过广播消息与接收消息代码，实现两个角色之间的互动。

想一想

> (1) 程序中的小狗是如何知道小猫在和它打招呼的？
>
> (2) 角色之间是如何实现互动的？

理一理　要清楚谁在广播消息，谁又在接收消息。

2. 案例准备

选择积木　"广播……"属于事件类积木，向其他角色发出信息。在重复执行命令中，可在特定条件下添加消息，实现角色之间的互动。

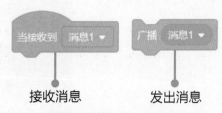

接收消息　　　　发出消息

算法设计　本案例的关键是通过"广播……"积木，根据任务添加多条代码，实现角色之间的互动。解决问题的思路如图所示。

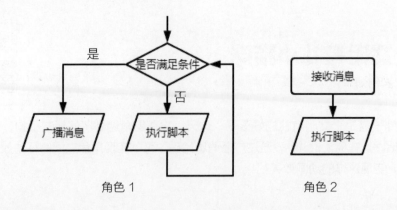

角色 1　　　　　　　　　　角色 2

3. 实践应用 🏆

添加背景和角色　单击"背景"按钮，从素材库中添加城市背景，保持默认角色"小猫"，单击"选择角色"按钮，从素材库中添加"小狗"角色，效果如图所示。

　　　　　　　　　　　　　　　　　　　　　　　　　　　● 城市背景

　　　　　　　　　　　　　　　　　　　　　　　　　　　● 角色

编写角色"小猫"代码　选择角色"小猫"，编写小猫遇见小狗后打招呼的代码，参考代码如图所示。

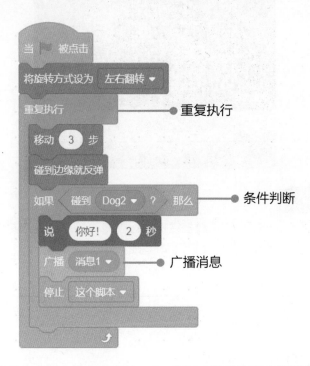

　　　　　　　　　　　　　　　　　● 重复执行

　　　　　　　　　　　　　　　　　● 条件判断

　　　　　　　　　　　　　　　　　● 广播消息

编写角色"小狗"代码　选择角色Dog2，编写小狗接收到广播消息后的代码，参考代码如图所示。

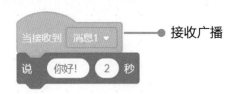

　　　　　　　　　　　　　　　　　● 接收广播

163

测试程序　运行程序，查看程序运行结果，通过修改小猫和小狗相互问候的语句，调试程序。

案例 55 安全驾驶需控制
案例知识："按下……键"积木

驾驶汽车时要集中注意力，严格控制汽车的行驶速度，保证安全。在Scratch中，通过编写循环条件代码，可以表现汽车在不同行驶速度时的效果。一起编写代码，实现这样的动画效果吧！

1. 案例分析

根据题意，要制作一辆汽车通过按键控制行驶的动画，程序应该包括背景、角色等信息，通过循环中设定条件的代码实现汽车行驶的效果。

想一想

 (1) 汽车的速度如何控制？

 (2) 如何改变汽车的速度？

理一理　在生活中，人们是如何控制汽车行驶速度的？将控制装置制作成按键是否具有类似的功能？

2. 案例准备

选择积木　"按下……键"属于侦测类积木，与重复命令结合使用，可以控制角色重复执行某些命令。

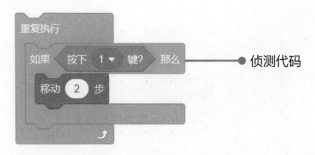

● 侦测代码

算法设计 本案例的关键是通过"重复执行"积木，根据任务添加多条代码，让汽车按控制行驶。解决问题的思路如图所示。

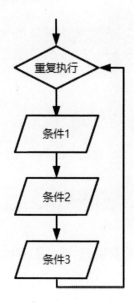

3. 实践应用

添加背景和角色 单击"背景"按钮，从素材库中添加夜晚街道背景，删除默认角色"小猫"，单击"选择角色"按钮，从素材库中添加角色Convertible 2，效果如图所示。

● 夜晚街道背景

● 角色

编写角色代码 选择角色Convertible 2，编写角色不同触发条件下的行驶代码，参考代码如图所示。

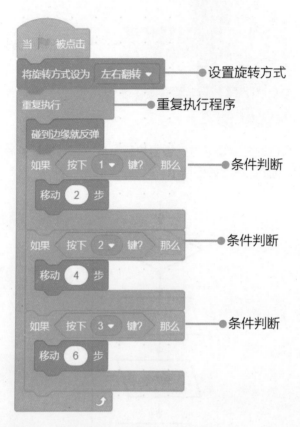

测试程序 运行程序，查看程序运行结果，通过调整"移动"参数，调试程序。

案例
56

聪明小猫做算术

案例知识："当背景换成……"积木

你知道吗，聪明的小猫会做算术题，真是让人佩服。在Scratch中，给小猫出不同的算术题，考一考小猫的算术能力。小猫根据老师所出题目，给出答案。一起编写代码，完成这个对话吧！

1. 案例分析

根据题意，要制作一个小猫做答算数题的动画，程序应该包括背景、角色等信息，通过切换背景，小猫做出不同的回答。

想一想

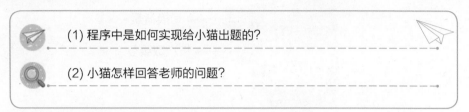

(1) 程序中是如何实现给小猫出题的？

(2) 小猫怎样回答老师的问题？

理一理　通过什么代码程序，让小猫知道更新算术题了，从而快速做出回答。

2. 案例准备

选择积木　"当背景换成……"属于事件类积木，实现当背景更换后角色做出不同的动作。

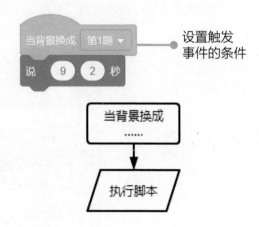

设置触发事件的条件

算法设计　本例的关键是通过"当背景换成……"积木，根据任务添加多条代码，实现小猫正确答题的效果。解决问题的思路如图所示。

3. 实践应用

添加背景和角色　单击"背景"按钮，上传"第1题""第2题""第3题"，保留默认角色"小猫"，调整小猫的位置，效果如图所示。

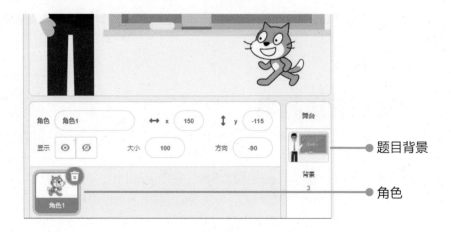

题目背景

角色

167

编写背景切换代码 选择角色"小猫",编写背景切换的代码,参考代码如图所示。

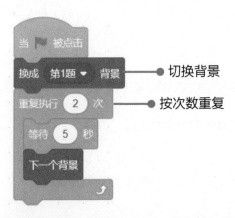

编写角色代码 选择角色"小猫",编写小猫作答的代码,参考代码如图所示。

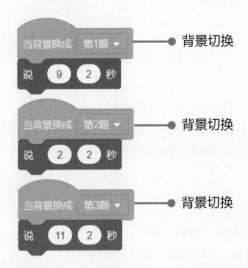

测试程序 运行程序,查看程序运行的结果,也可增加新的算术题,让小猫重新作答,调试程序。

案例 57 大家一起嗨起来
案例知识:"广播消息并等待"积木

节假日马上就要到了,同学们兴奋地跳起舞。在Scratch中,角色之间是相互联动的,当角色1完成舞蹈后,角色2接着舞蹈,角色3接力前面的角色进行舞蹈,3个角色合作完成一首歌曲的舞蹈, 效果别有趣味。
让我们一起编写代码, 实现这样的动画效
果吧!

1. 案例分析

根据题意, 要制作一个多角色在一起
舞蹈的动画, 程序应该包括背景、角色等
信息, 通过循环代码实现角色的互动。

想一想

(1) 角色之间是如何实现互动的?

(2) 如何让音乐在不同角色间持续播放?

理一理 要想实现多角色互动, 就要设置好每个角色的代码, 还需要设置每个角色
的触发代码。

2. 案例准备

选择积木 "广播消息并等待"属于事件类积木, 可以控制并等待角色执行某些命
令。当角色执行完代码后, 再执行下一条代码。

参数设置

算法设计 本案例的关键是通过"接收到消息"积木, 根据任务添加多条代码, 通
过广播, 让每个角色执行自己的代码。解决问题的思路如图所示。

3. 实践应用 📖

　　添加背景和角色　单击"背景"按钮，从素材库中选择舞会背景，删除默认角色"小猫"，单击"选择角色"按钮，从素材库中添加角色Cassy Dance、Champ99、Max，效果如图所示。

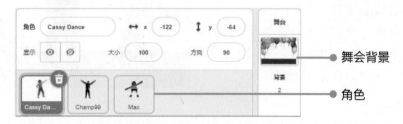

　　编写背景音乐代码　选择任意角色，编写背景音乐代码，参考代码如图所示。

　　编写角色出场秩序代码　选择任意角色，编写角色出场秩序代码，参考代码如图所示。

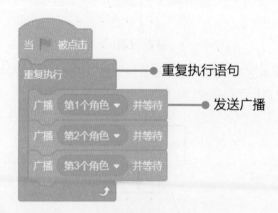

　　编写角色Cassy Dance代码　选择角色Cassy Dance，编写角色舞蹈效果的代码，参考代码如图所示。

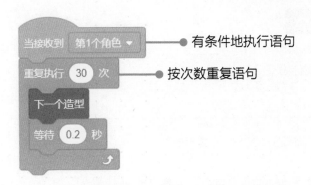

编写角色Champ99代码　选择角色Champ99，编写接力舞蹈的代码，参考代码如图所示。

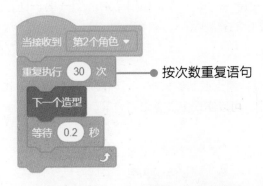

编写角色Max代码　选择角色Max，以同样的方式编写舞蹈的语句。

测试程序　运行程序，查看程序运行结果，通过调整各角色舞蹈时长的参数，调整舞蹈的效果，调试程序。

案例 58	孙悟空吹毛变身
	案例知识："克隆"积木

孙悟空本领超群，会吹毛变身，传说其每根毛都可以变成一个孙悟空。在Scratch中，孙悟空一声"变"，无数个孙悟空出现在舞台的各个位置，仿佛凭空变出无数孙悟空，十分神奇。让我们一起编写代码，实现这样的动画效果吧！

1. 案例分析

根据题意，要制作一个孙悟空变身的动画，程序应该包括背景、角色等信息，通过循环克隆代码实现孙悟空的变身。

想一想

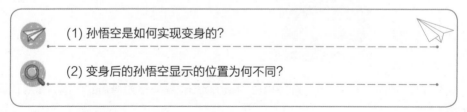

(1) 孙悟空是如何实现变身的？

(2) 变身后的孙悟空显示的位置为何不同？

理一理　孙悟空变身后，每个分身都和原始造型一模一样，好比电脑操作中的复制。程序中能否实现角色的复制呢？

2. 案例准备

选择积木　"克隆"属于控制类积木，可以复制角色自己，也可以复制舞台中的其他角色。结合重复命令，可以实现多次克隆的效果。

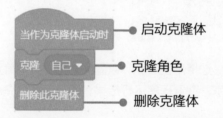

启动克隆体

克隆角色

删除克隆体

算法设计　本案例的关键是通过"克隆"积木，让孙悟空实现吹毛变身的效果。解决问题的思路如图所示。

3. 实践应用 🏃

添加背景和角色 单击"背景"按钮，从素材库中选择草原背景，删除默认角色"小猫"，单击"选择角色"按钮，从素材库中添加角色"孙悟空"，效果如图所示。

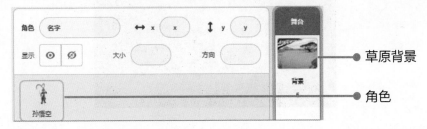

草原背景

角色

编写角色代码 选择角色"孙悟空"，编写角色变身的代码，参考代码如图所示。

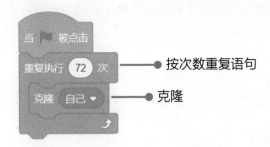

按次数重复语句

克隆

编写克隆体代码 选择角色"孙悟空"，编写克隆体代码，参考代码如图所示。

克隆体启动方式

测试程序 运行程序，查看程序运行结果，通过调整"次数"参数，调试程序。

案例 59 小鸟快快飞回家

案例知识："在……秒内滑行到……"积木

暴风雨即将来临的夜晚，一只小鸟还在寻找自己的家，它好像迷路了，让我们一起来帮帮它吧。程序中的小鸟在暴风雨中寻找着家，终于找到了家的方向，快速地往家飞去，最后安全到家。一起编写代码，实现这样的动画效果吧！

1. 案例分析

根据题意，要制作一只小鸟飞去指定位置的动画，程序应该包括背景、角色等信息，通过设置指定位置，指挥小鸟回家。

想一想

> (1) 如何实现小鸟总是在飞的效果？
>
> ....
>
> (2) 如何让小鸟飞回家？
>
> ....

理一理　要想让小鸟顺利飞回家，最快的方法是什么？

2. 案例准备

选择积木　"在……秒内滑行到……"属于运动类积木，可以控制角色滑行到指定位置。它具有3个参数，分别是时间、X轴、Y轴。

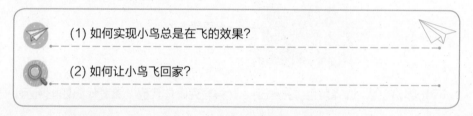

时间参数　　X轴参数　Y轴参数

算法设计　本例中小鸟始终保持飞行状态，需要重复小鸟的造型。解决问题的思路如图所示。

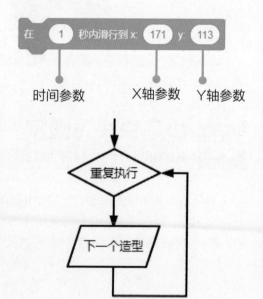

3. 实践应用

　　添加背景和角色　单击"背景"按钮，添加夜晚背景，删除默认角色"小猫"，单击"选择角色"按钮，从素材库中添加角色Parrot，效果如图所示。

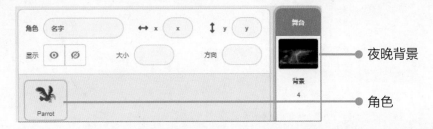

　　编写角色飞行状态代码　选择角色Parrot，编写飞行状态的代码，参考代码如图所示。

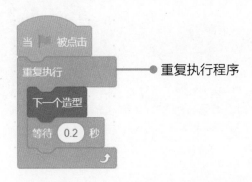

　　编写角色移动代码　选择角色Parrot，编写移动到指定位置的代码，参考代码如图所示。

　　测试程序　运行程序，查看程序运行结果，通过调整"时间、x、y"参数，调试程序。

175

第 6 章

绘声绘色：声音与画笔

Scratch 制作的作品，如果只有单纯的动画表演，那就太单调了，所以我们在制作时，可以考虑为作品增加声音、音效，营造丰富多彩的氛围，让观看者有身临其境的感觉。另外，Scratch 提供了许多绘画功能，可以让创作者像传统绘画一样，指挥角色画出美丽的图案。

Scratch 提供了很多与绘画、声音相关的积木，如"设置画笔颜色""设置笔的粗细""音量控制""音调控制"等。本章将带领大家学习如何运用这些"声音"与"画笔"模块制作各种效果，让作品变得更加丰富多彩，绘声绘色。

学习内容

案例
60
劲爆舞蹈跳起来
案例知识："播放声音"积木

小猫很喜欢交朋友，它的朋友遍布世界各地。今天非洲的好朋友凯西来中国做客，小猫带她游览了名山大川，吃了很多风味小吃。凯西感受到中国的地大物博，也感受到小猫的热情好客，于是她决定为好朋友们表演一段非洲舞蹈。

1. 案例分析

在本案例中，小猫和凯西对话后，音乐便开始播放，舞台上的灯光随着音乐开始闪动，同时凯西也跟着音乐跳起来。

想一想

(1) 如何让灯光随着音乐闪动？

(2) 怎样才能使凯西跳舞？

理一理　本案例中，要实现舞台灯光闪动的效果，可以在背景中添加多张灯光效果的图片，再通过代码让它们不断切换，以实现闪动效果；实现凯西跳舞的方法类似，可以通过不停切换角色的多个造型来实现。难点是，角色的舞蹈如何做到与音乐合拍，这需要多次调试等待时间的数值才能实现。

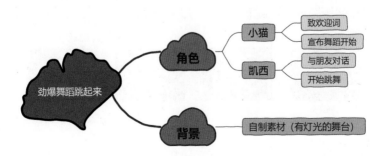

2. 案例准备 📐

选择积木 "播放声音"属于声音类积木,它的主要功能是播放选择的声音。它可以与"停止所有声音"积木配合使用,控制声音的播放与停止。具体用法如下图所示。

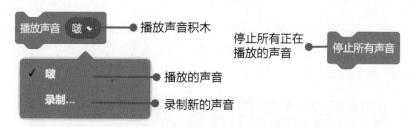

算法设计 本案例的算法结构比较简单,核心是3个循环结构,分别用来实现"角色跳舞""重复播放音乐"与"切换舞台背景"等功能。解决问题的思路如图所示。

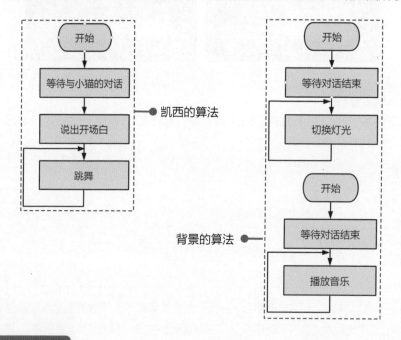

3. 实践应用 🎚

添加背景和角色 运行Scratch软件,添加背景时,选择"上传背景",在对话框中选择事先准备好的4张图片;再从角色库中添加角色Cassy Dance,重命名为"凯西"。

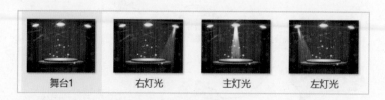

编写角色"小猫"代码 选择角色"小猫"，根据前面的分析及设计的算法，编写代码如下图所示。

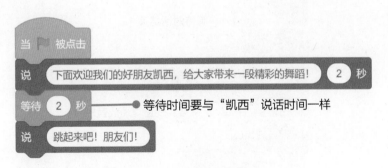

编写角色"凯西"代码 选择角色"凯西"，根据前面的分析及设计的算法，编写实现角色一直跳舞的代码，如右图所示。

添加要播放的声音 单击"声音"选项卡，选择"选择一个声音"，在搜索框里输入dance around，添加舞曲(也可以选择其他有节奏感的音乐)。

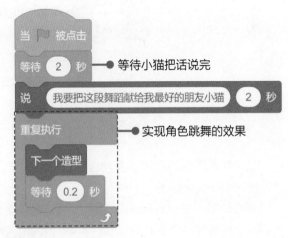

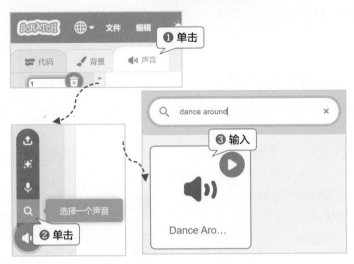

编写背景的代码 选择背景，编写实现"重复播放音乐"与"灯光闪烁"效果的代码，如下图所示。

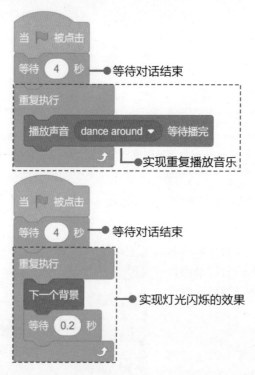

测试程序 测试程序，查看程序运行的效果，如果音乐与动作不协调，可通过调整"等待时间"优化效果。

答疑解惑 在Scratch中，需要同时进行多个动作，不能将所有动作都放在一个事件下，可分别放在多个事件下，以达到同时运行的效果。本案例中，用2个事件实现在切换背景的同时重复播放音乐。

案例 61 躲避捕食的狮子

案例知识："将音量设为……%"积木

狮子是森林之王，小动物们一看到它，就会吓得躲起来。但羊驼的视力最近出了问题，只能靠声音来分辨狮子和自己的距离。当听到狮子的咆哮声较小时，它会知道自己是安全的，一旦声音变大，它会立马趴在草地上，躲避狮子。

1. 案例分析

本案例中狮子会在舞台上来回走动，并发出咆哮声，距离羊驼近时声音大，距离羊驼远时声音小。当羊驼听到咆哮声很大时，就知道狮子走近了，此时按下空格键，可以让羊驼趴下避开狮子。

想一想

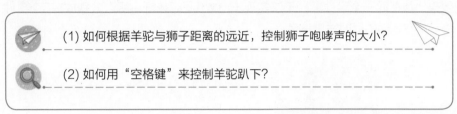

(1) 如何根据羊驼与狮子距离的远近，控制狮子咆哮声的大小？

(2) 如何用"空格键"来控制羊驼趴下？

理一理　想知道羊驼和狮子距离的远近，可以用侦测命令来感知，当羊驼与狮子的距离达到设定的数据后，把音量设置成较大的值，反之设置成较小的值。而羊驼的站立与趴下，可以用角色造型的切换来实现。

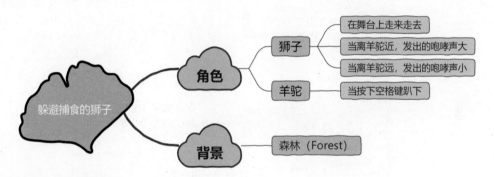

2. 案例准备

选择积木　"将音量设置为……%"积木的主要功能是，按照百分比控制音量的大小，默认为100。需要注意的是，如果输入小于0的数字，音量将设置为0%，如果输入的数字大于100，则音量被设置为100%。

音量设置只能在0-100

"将音量设为……%"积木

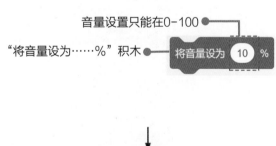

算法设计　本案例的核心算法，是判断狮子与羊驼距离的远近，用来发出不同音量的声音。解决问题的思路如图所示。

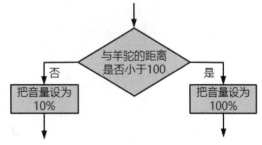

3. 实践应用

　　添加背景和角色　运行Scratch软件，从背景库中添加森林背景，删除默认的空白背景；添加角色"羊驼""狮子"。将羊驼的2个造型，站立造型重命名为1，趴下造型重命名为2，最后将2个角色布置到舞台的合适位置，并删除默认角色小猫。

　　编写角色"狮子"发声和走动的代码　如果把"播放声音""来回移动"和"实现走动效果"放在同一个事件下，无法实现3个效果同时运行，所以分别放在3个事件下，保证狮子能在走动的同时发出声音。

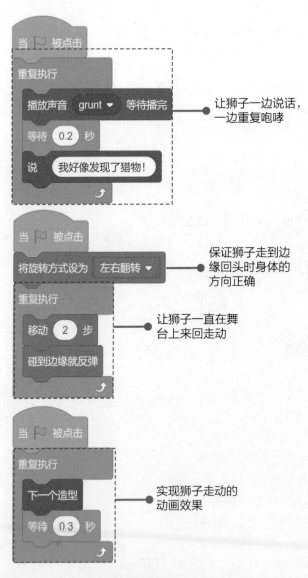

让狮子一边说话，一边重复咆哮

保证狮子走到边缘回头时身体的方向正确

让狮子一直在舞台上来回走动

实现狮子走动的动画效果

　　编写控制角色"狮子"音量代码　根据前面的分析及设计的算法，编写代码，实现狮子根据猎物距离远近，发出不同音量的功能，如图所示。

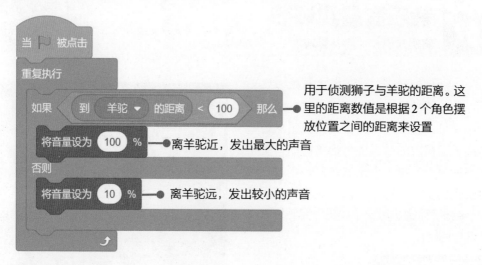

用于侦测狮子与羊驼的距离。这里的距离数值是根据 2 个角色摆放位置之间的距离来设置

离羊驼近，发出最大的声音

离羊驼远，发出较小的声音

编写角色"羊驼"代码　运用侦测积木判断是否按下空格键，实现"站立"与"趴下"效果的切换。

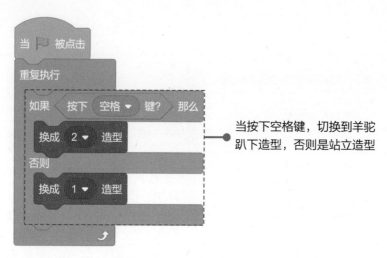

当按下空格键，切换到羊驼趴下造型，否则是站立造型

测试程序　运行程序，注意倾听狮子发出的音量，当听到声音变大时，可按下空格键，控制羊驼躲避狮子。

案例 62 音乐音量我调节

案例知识："将音量增加……"积木

　　小动物们要举行盛大的森林舞会，为了让气氛更加热烈，小猫带来了珍藏的复古录音机。还别说，这个录音机虽然有些年头，但播放的效果还是很震撼的，美中不足的是，音量大小无法调节。不过，这可难不倒小猫，它运用自己熟练的编程知识，给录音机添加了2个按钮，完美地解决了这个问题。

1. 案例分析

　　本案例中，单击"音量增加"按钮，播放的声音变大；单击"音量减少"按钮，播放的声音变小。

想一想

　　(1) 如何控制角色增加音量？

　　(2) 如何控制角色减少音量？

　　理一理　本案例需要3个角色(录音机、音量增加、音量减少)，分别用来播放音乐以及控制音量的增加与减少。音量大小的控制，用"将音量增加……%"积木就可以实现，但因为控制音量大小的积木必须要和播放音乐的积木放在同一个角色里，所以需要用"广播消息"来联动3个角色。

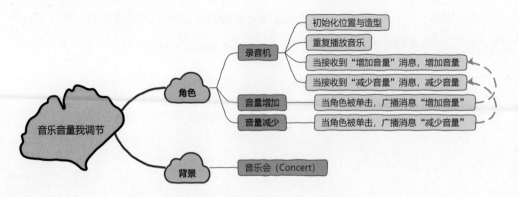

2. 案例准备

选择积木　"将音量增加"属于声音类积木，它的主要功能是对音量进行增加或减少(填入负数时)。当音量增加到100时，增加功能失效；当音量减少到0时，减少功能失效。

算法设计　本案例的"切换造型"和"播放音乐"功能，都需要用到循环结构，控制音量增加与减少则需要用"广播消息"进行联动。解决问题的思路如图所示。

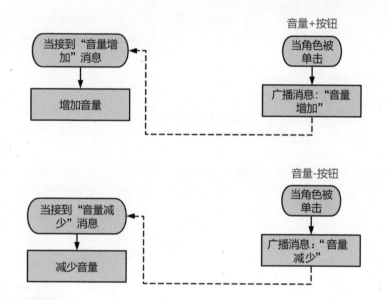

3. 实践应用

添加背景和角色　运行Scratch软件，从背景库中添加音乐会背景，删除默认空白背景；添加"音乐"类中的Radio，再添加"所有"类中的Button2，复制角色Button2，分别在2个按钮角色中添加文字："增加音量"与"减少音量"，并把2个角色重命名为"音量+"与"音量-"，最后删除默认角色小猫。

编写角色"音量+"和"音量-"代码　编写2个角色的代码，其中初始化的位置，可以根据摆放的实际情况调整参数。

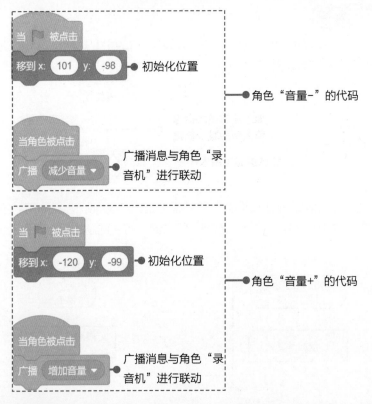

初始化位置

角色"音量-"的代码

广播消息与角色"录音机"进行联动

初始化位置

角色"音量+"的代码

广播消息与角色"录音机"进行联动

编写角色"录音机"代码　根据前面的分析，把录音机的代码分成3个事件，分别是"初始化位置与造型""播放音乐""接收消息"，具体代码参考下图。

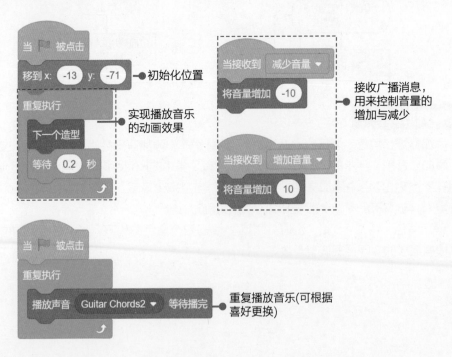

初始化位置

实现播放音乐的动画效果

接收广播消息，用来控制音量的增加与减少

重复播放音乐（可根据喜好更换）

　　测试程序　运行程序，聆听播放的音乐，单击调整音量的按钮，查看音量大小是否改变。

　　答疑解惑　在Scratch中，控制"增加音量"的积木，必须与"播放声音"积木处在同一个角色下，才能正常工作。本案例中，播放音量的是角色"录音机"，控制音量大小的是另外两个按钮，因此想要成功控制，就必须将"播放音乐"与"控制音量"的积木全放置在角色"录音机"下，再通过"广播"功能与2个按钮联动，以实现控制音量大小变化的功能。

案例 63　做个神奇变声器

案例知识："将……音效增加……"积木

　　艾比酷爱唱歌，特别擅长美声唱法。她听说中国有种神奇的艺术，叫"口技"，可以让人发出各种各样的声音，于是千里迢迢地来到中国，学习口技，并把它融入自己的歌唱中，使她的美声唱法更加丰富。现在她不仅可以用美声发出女人的声音，还可以唱出小孩的声音，甚至能发出男人的声音，真是太神奇了！

1. 案例分析

　　在本案例中，人物可以模仿各种声音，在编程中实现这种效果其实很简单，就是把角色发出的声音，利用按钮进行升调与降调。

　　想一想

　　　(1) 怎么能让声音的声调提高？

　　　(2) 怎么能让声音的声调降低？

　　理一理　本案例需要3个角色：艾比与2个按钮。艾比发出声音，2个按钮分别实现声音的升调和降调。发出声音用之前学习的"播放声音"积木实现，升调与降调则需要用到"将……音效增加……"积木。

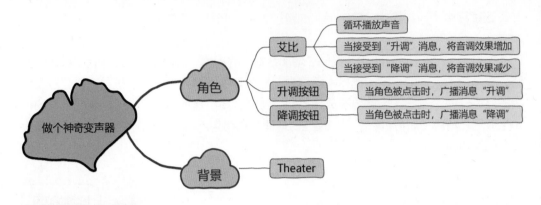

2. 案例准备

选择积木　"将……音效增加……"属于声音类积木，其主要功能为调节声音的"音调"与"左右平衡"。"音调"指的是声音频率的高低，如果不停增加音调，声音就会越来越尖锐，而且随着音调的升高，播放的速度也会越来越快；"左右平衡"是指电脑的左声道和右声道的播放，当左右平衡为0时，2个声道同时发出声音，100时是右声道发声，-100时是左声道发声。

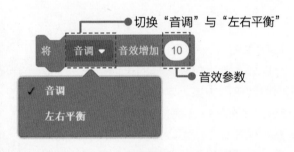

算法设计　本案例的算法结构简单，由"顺序结构"与"循环结构"构成。需要注意的是，因为音效设置积木必须与声音播放积木在同一个角色下，所以2个按钮角色与"艾比"角色之间需要用"广播消息"进行联动。解决问题的思路如图所示。

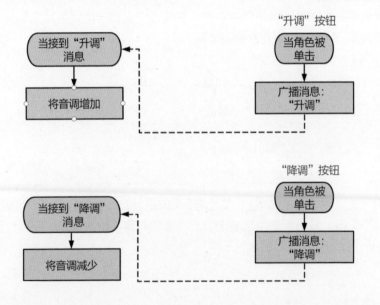

3. 实践应用

绘制背景 运行Scratch软件，从背景库中添加剧场背景，删除默认空白背景；添加角色Abby，再添加"所有"类中的Button2，复制角色Button2，分别在2个按钮角色中添加文字"升调"与"降调"，并把2个角色重命名为"升调"与"降调"，最后删除默认角色小猫。

编写角色Abby代码 如下图所示，编写角色歌唱的代码及音调升降代码。

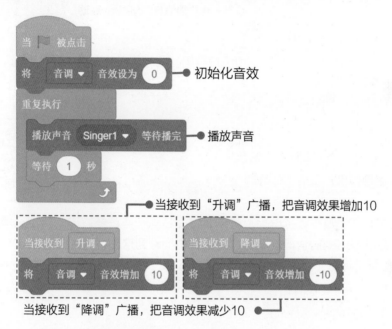

编写角色"升调"代码 按前面的分析，给角色"升调"编写代码，如图所示。

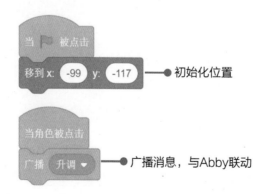

编写角色"降调"代码 复制"升调"代码并修改，结果如下图所示。

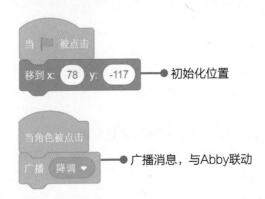

当 ▶ 被点击

移到 x: 78 y: -117 ●——— 初始化位置

当角色被点击

广播 降调 ▼ ●——— 广播消息，与Abby联动

测试程序 运行程序，可听到角色在歌唱，此时单击"升调"或"降调"按钮，聆听音调的变化。

案例 64 绘制标准多边形

案例知识："落笔"积木

小猫的数学老师布置了一项家庭作业，让它画一些正多边形，如正三角形、正方形、正五边形等，小猫画得好辛苦！好朋友小狗看到这种情况，送给它一支神奇的画笔。这支画笔可真厉害，只要告诉它多边形的边数，立刻就能画出对应的正多边形，真是太神奇了！

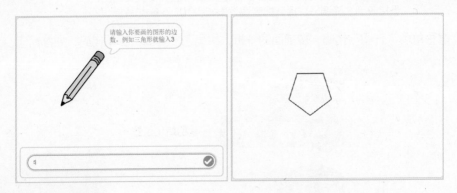

1. 案例分析

本案例中，角色"铅笔"根据"回答"中的数量，通过移动、旋转等动作，在舞台上绘制出指定边数的多边形。

想一想

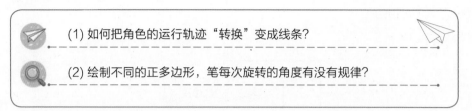

(1) 如何把角色的运行轨迹"转换"变成线条？

(2) 绘制不同的正多边形，笔每次旋转的角度有没有规律？

理一理　Scratch"画笔模块"中的"落笔"积木，可把角色在舞台上的运动轨迹"转换"成线条。结合该积木，控制角色运动，可绘制出想要的图案。

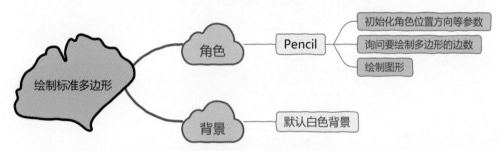

想绘制正多边形，先要明白正多边形边数与内角度数之间的关系，只有知道了这层关系，才能发现角度旋转的规律，准确绘出想要的图形。运用"枚举法"可探究其中的奥秘：正三角形内角和为360度，有3条边，每个内角为120度；正方形内角和为360度，有4条边，每个内角为90度；正五边形内角和为360度……是不是每个正多边形的内角和都是360度，内角的度数都是360度除以边数呢？

图形	正三角形	正四边形	正五边形	正六边形	正 N 边形
内 角 和	360度				
边的数量	3条				
内角度数	120度				

2. 案例准备

选择积木　"落笔"属于画笔类积木，它是Scratch画图的灵魂代码。"落笔"后移动角色，就如同现实中在纸上落笔绘画一样，可在舞台上显示移动的轨迹线条。"落笔"积木，一般都要结合"全部清除"积木，以保证重新绘画时，舞台画面的整洁。

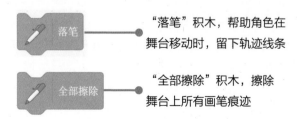

"落笔"积木，帮助角色在舞台移动时，留下轨迹线条

"全部擦除"积木，擦除舞台上所有画笔痕迹

算法设计　本案例中的核心结构为循环结构，根据回答中的数量，循环移动。解决问题的思路如图所示。

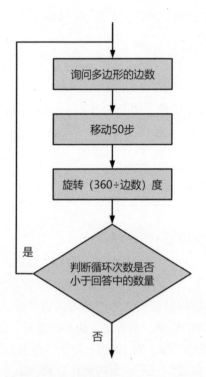

3. 实践应用

添加角色　运行Scratch软件，添加角色Pencil，在角色的造型选项卡中，全选角色后移动，将笔尖对准造型中心点，最后删除默认角色小猫。

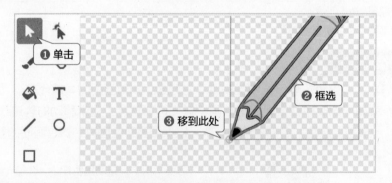

编写角色Pencil代码　根据前面的分析，编写代码，如图所示，另外要运用"显示""隐藏""全部擦除"等积木优化程序。

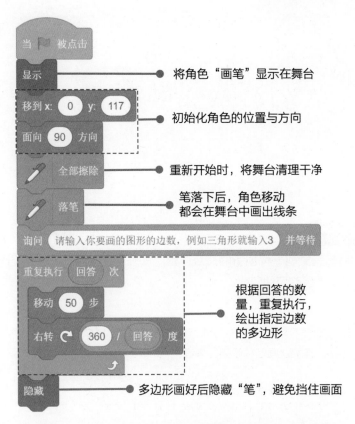

将角色"画笔"显示在舞台

初始化角色的位置与方向

重新开始时，将舞台清理干净

笔落下后，角色移动
都会在舞台中画出线条

根据回答的数
量，重复执行，
绘出指定边数
的多边形

多边形画好后隐藏"笔"，避免挡住画面

测试程序　运行程序，输入边数，测试能否正确画出想要的图形。

答疑解惑　绘制正多边数时，如果输入的边数过大，就会绘制出圆形。

案例 65　声音曲线我记录

案例知识："抬笔"积木

　　小猫去动物医院体验，看到心电图仪器能根据心脏跳动的频率在纸上绘出心电图，非常神奇。它深受启发，想到Scratch能侦测声音，那能不能像心电图仪器记录心脏跳动一样，记录下声音的波动呢？于是它刻苦学习，认真查找资料，终于用Scratch制作出森林里第一个"声音曲线记录仪"，这个仪器能根据听到声音的高低，绘制声波曲线。小动物们都很佩服小猫，纷纷称赞它是个"大发明家"。

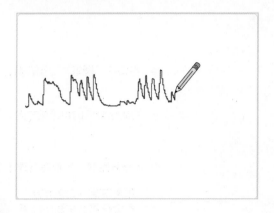

1. 案例分析

本案例的目标是实现一种创新的交互体验，即在侦测声音的同时，巧妙整合画笔模块的积木，记录下声波的波动曲线。

想一想

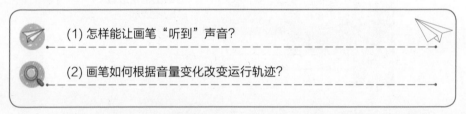

(1) 怎样能让画笔"听到"声音？

(2) 画笔如何根据音量变化改变运行轨迹？

理一理　Scratch中的"响度"积木，可以"听"到声音，并能够将音量大小转变成数值，只要将"响度"值赋予角色的坐标，就可实现根据音量变化绘画的功能。具体方法为：在落笔的情况下，持续增加角色的X坐标，实现角色向右移动，再将响度设置成Y坐标，实现角色根据声音的高低上下移动，结合"落笔"积木，即可画出声波的曲线图。当画笔碰到舞台边缘时，如果声音还在持续，可让角色快速移到起点，再继续画。为了避免移动时画出多余的线条，需要"抬笔"并清除之前的线条。

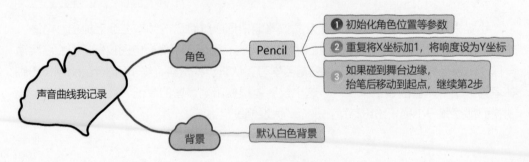

声音曲线我记录

角色　Pencil
- ① 初始化角色位置等参数
- ② 重复将X坐标加1，将响度设为Y坐标
- ③ 如果碰到舞台边缘，抬笔后移动到起点，继续第2步

背景　默认白色背景

2. 案例准备

选择积木 "抬笔"属于画笔类积木，其主要功能是让角色移动时，不再留下痕迹。通常情况下，在程序初始化前需要加一个抬笔，保证程序开始时，画笔处于抬笔状态；在绘制完成后，也需要加一个抬笔，保证下一次绘图前不留下多余的痕迹。

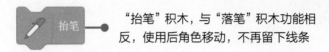

"抬笔"积木，与"落笔"积木功能相反，使用后角色移动，不再留下线条

算法设计 本案例是个循环结构，原则上，不按下停止按钮，程序就不会结束。但在此循环结构里，还有一个判断语句，用来判断角色是否碰到舞台边缘，目的是让画笔回到起点，继续绘制。解决问题的思路如图所示。

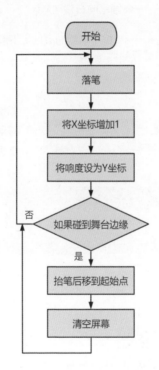

3. 实践应用

添加角色 运行Scratch软件，添加角色Pencil，在角色的造型选项卡中，全选角色后移动，将笔尖对准造型中心点，最后删除默认角色小猫。

编写角色Pencil代码 根据前面的分析及设计的算法，编写代码，实现画笔根据音量大小绘制不同曲线的功能，如图所示。

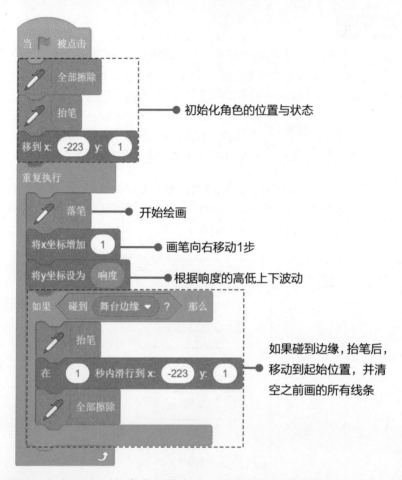

初始化角色的位置与状态

开始绘画

画笔向右移动1步

根据响度的高低上下波动

如果碰到边缘，抬笔后，移动到起始位置，并清空之前画的所有线条

测试程序　运行程序，在麦克风边发出一段高低起伏的声音(比如唱一首歌)，观看画笔的绘画效果。

案例 66　画出一个五角星

案例知识："将笔的颜色设为……(颜色)"积木

国庆节快到了，小猫想制作一张电子贺卡，为祖国庆生。贺卡中需要一些红色的五角星图案，本来小猫准备从网上直接下载图片，但想到如果能用Scratch编程，让电脑自动画出五角星，一定更有意义。于是，它查找资料，自学教程，终于完成作品，让电脑自动画出红色的五角星图案。

1. 案例分析

在本案例中，程序运行后，角色"画笔"会在舞台中自动画出一个红色空心的五角星图案。

想一想

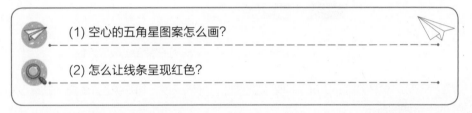

(1) 空心的五角星图案怎么画？

(2) 怎么让线条呈现红色？

理一理　绘制空心的五角星图案，需了解图案的特征。空心五角星是由5个36度尖角，绕中心点平均分布而成。以画边长为100步的五角星为例，可先移动100步，右转144度，再移动100步，左转72度，然后重复执行以上步骤5次。结合画笔模块中"将笔的颜色设为……"积木，可将线条设置为红色。

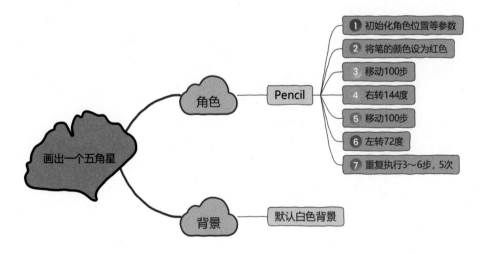

2. 案例准备

选择积木 "将笔的颜色设为……"属于画笔类积木，它的作用主要是设置画笔的颜色，也可设置画笔的饱和度和亮度。在此积木中，设置参数大小，是通过拖动相应的滚动条实现的(饱和度是指色彩的鲜艳程度，也称色彩的纯度。亮度指颜色的明暗程度，亮度越高，颜色越亮，在Scratch中亮度数值为100即为白色。透明度指物体的透明程度，透明度越高，物体越透明，Scratch中透明度数值为100就看不见了。

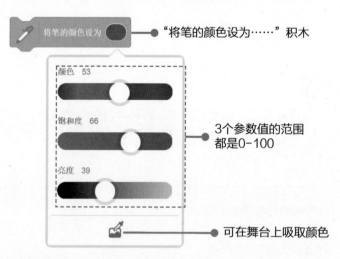

"将笔的颜色设为……"积木

3个参数值的范围都是0~100

可在舞台上吸取颜色

算法设计 本案例核心算法结构是次数循环，准确来说，每次绘出1个角，循环5次。解决问题的思路如图所示。

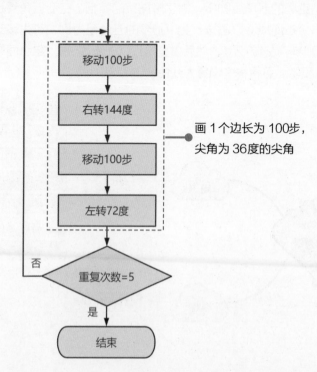

画1个边长为100步，尖角为36度的尖角

198

3. 实践应用

添加背景及角色　运行Scratch软件，添加角色Pencil，并在"造型"选项卡里，将造型的中心点放置在画笔的笔尖处。

编写角色"画笔"代码　根据前面的分析，如图所示，编写绘制红色五角星的代码。

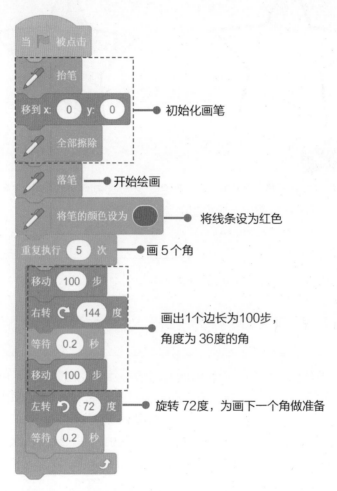

- 初始化画笔
- 开始绘画
- 将线条设为红色
- 画5个角
- 画出1个边长为100步，角度为36度的角
- 旋转72度，为画下一个角做准备

测试程序　测试程序，查看程序运行效果。

答疑解惑　在Scratch中，为准确设置笔的颜色，在有参照色的情况下，一般采用"舞台吸色"功能。

案例 67　填充七彩五角星

案例知识： "将笔的颜色增加……"积木

小猫想装饰自己的房间，它准备画一些七彩五角星作为装饰物。当画好轮廓后，它

发现涂色的工作量太大了，于是它想使用计算机实现快速涂色。小猫使用自学的Scratch
知识，编写出自动涂色程序，不仅速度快，还色彩斑斓，漂亮极了！

1. 案例分析

本案例的任务是为五角星的内部填充颜色，还要绘制色彩斑斓的线条以提升图片的
质感。注意填充的颜色不能超出五角形的边缘。

想一想

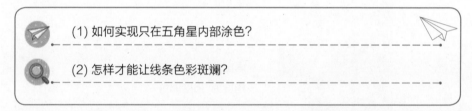

(1) 如何实现只在五角星内部涂色？

(2) 怎样才能让线条色彩斑斓？

理一理　在五角星内部涂色，简单地说，就是从中心向四周画线，角色遇到边缘，
要立刻返回到中心点(保证涂的线条只在五角星内部)，接着旋转1度后再出发，这样重复
360次，正好是一周，五角星内部即可涂满。每旋转一次，将笔的颜色值增加一点，这样
画出的线条就会色彩斑斓。特别要注意的是，因为角色遇到边缘就会返回，所以角色不
能太大，用自行绘制的小方块作为角色即可。

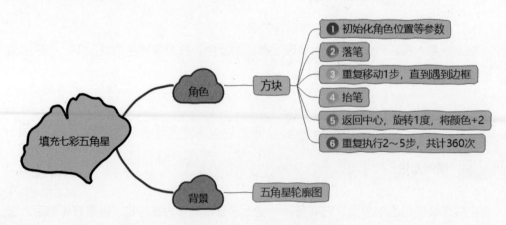

2. 案例准备

选择积木 "将笔的颜色增加……"属于画笔类积木，它通过改变数值的方式，达到改变笔的颜色的效果，如下图所示。此积木还可以通过改变数值的方式，设置笔的"饱和度""亮度""透明度"等色彩效果。

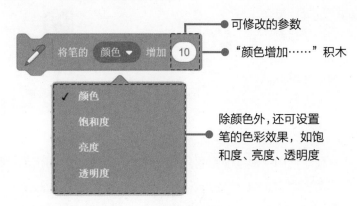

算法设计 本案例的核心算法，是循环嵌套结构，即把"重复移动(画线)直到碰到边缘"行为再重复360次。解决问题的思路如图所示。

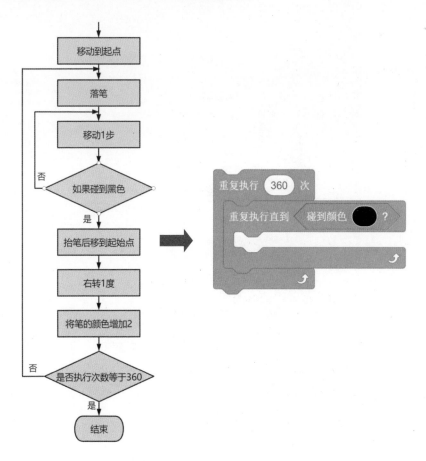

3. 实践应用 🔧

　　添加背景及角色　添加事前准备好的"黑白五角星图"作为背景，删除默认黑白背景。添加角色时，选择绘制角色，在造型的中心点，绘制一个只有一格大小的矩形，重命名为"方块"，最后删除默认角色小猫。

② 单击

③ 绘制

❶ 单击放大

转换为位图

　　编写角色"方块"代码　根据前面的分析及设计的算法，如图所示，编写在五角星内部重复填充多彩线条的代码。

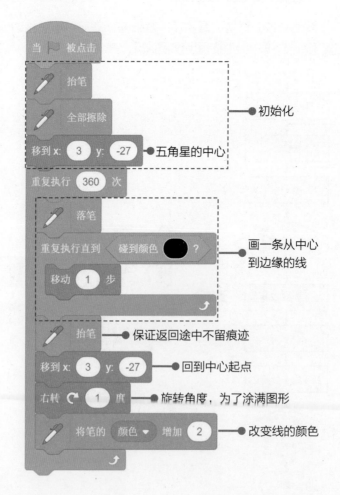

初始化

五角星的中心

画一条从中心到边缘的线

保证返回途中不留痕迹

回到中心起点

旋转角度，为了涂满图形

改变线的颜色

测试程序 运行程序，查看程序运行效果，如果感觉填充的速度太慢，可开启"加速模式"，加速填充过程。

答疑解惑 在Scratch中的"编辑"菜单下开启或关闭加速模式，也可通过Shift+鼠标左键，单击绿旗按钮来开启或关闭。打开加速模式后，程序就会加速运行。需要注意的是，加速模式对于有"等待……秒"的程序模块是无效的。

案例	星河作画赠妈妈
68	案例知识："将笔的粗细设为……"积木

神秘的太空，广阔而炫丽，让人向往！基兰一直有一个梦想，就是成为一名宇航员，为此他认真学习太空知识，坚持锻炼身体，为实现梦想而努力。在妈妈生日这天，基兰用计算机绘制了一幅画，画中他带着画笔飞向太空，在星河上绘制了一幅七彩画卷，他将画送给亲爱的妈妈作为生日礼物。

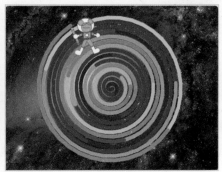

1. 案例分析

本案例中，角色在星空背景的中心，从中心开始画陀螺线，陀螺线比默认的线条粗，这样可使画面更加清晰，并且每画出一段弧线，就变色一次，直至达到画面的最大半径。

想一想

 (1) 如何画陀螺线？

 (2) 怎么设置旋转线的色彩与粗细？

理一理　陀螺线的画法与圆的类似，只不过因为陀螺线的圆是从内圈开始逐步变大的，因此每画出一段圆弧线后，需将圆弧的半径变大1点再接着画。为了让陀螺线更漂亮，一般旋转超过一半后再增加半径，即旋转度数需要超过180度(本案例中，画一条弧线，画笔每次旋转10度，重复20次，共计200度)，然后向外移动1步扩大半径。线条的粗细与颜色，用画笔模块中的"将笔的粗细设为……"积木和"将笔的颜色增加……"积木实现。

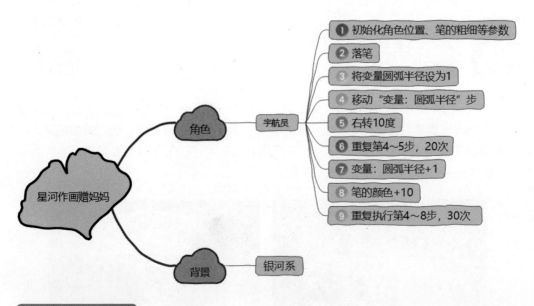

2. 案例准备

选择积木　"将笔的粗细设为……"属于画笔类积木，主要功能是设置落笔时画出线条的粗细。其中，画笔粗细最小为1，如果设置的数值小于1，积木会直接设为1。最大值如果超过屏幕尺寸，就会产生填充背景的效果。

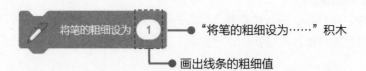

算法设计　本案例的核心算法结构是循环嵌套结构，用来绘制陀螺线。解决问题的思路如图所示。

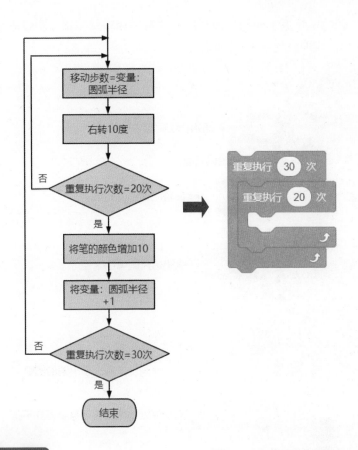

3. 实践应用

添加背景及角色 运行Scratch软件，添加银河系背景，再添加角色Kiran，如下图所示，选择其中第5个拿画笔的造型，并将造型的中心点移至笔尖处，最后删除默认角色。

编写角色代码　根据前面的分析及设计的算法，新建变量"圆弧半径"，编写代码，如下图所示，实现绘制陀螺线的功能。

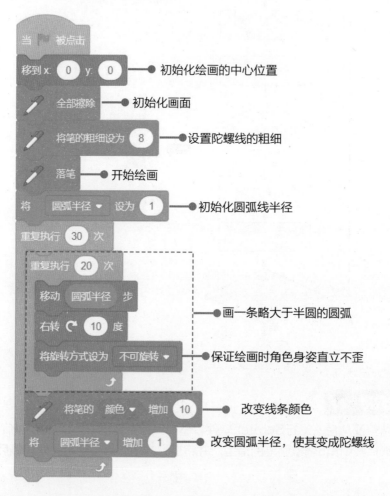

测试程序　测试程序，查看程序运行效果，也可调节颜色增加的数值，产生不同的效果。

案例 69 混乱圈圈涂鸦墙

案例知识： "将笔的颜色设为……(数值)" 积木

小猫最近迷上了涂鸦艺术，它向画家小马学习，了解到哪怕是最简单的图形，也可通过改变线条的颜色、粗细、浓淡，产生不同的艺术效果。于是它在墙上画了各色各样、大小不一、浓淡不一的圈圈，把一面白墙变成了充满了艺术气息的涂鸦墙。

1. 案例分析

本案例中，角色会在舞台上随机位置画出100个大小不同、颜色、粗细、浓淡也不相同的圈圈。

想一想

> (1) 如何在舞台上随机画圈？
>
> (2) 怎样让圈的颜色、粗细、浓淡不相同？

理一理　画笔移动到随机位置，按随机半径转动360度，可在随机位置生成大小不一的圈，再使用"将笔的颜色设为……(数值)"积木、"将笔的粗细设为……"积木，实现圈的颜色、粗细、浓淡不同的效果。

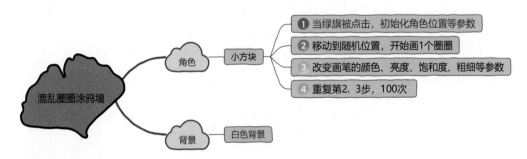

混乱圈圈涂鸦墙

角色 —— 小方块
1. 当绿旗被点击，初始化角色位置等参数
2. 移动到随机位置，开始画1个圈圈
3. 改变画笔的颜色、亮度、饱和度、粗细等参数
4. 重复第2、3步，100次

背景 —— 白色背景

2. 案例准备

选择积木　"将笔的颜色设为……(数值)"属于画笔类积木，可以通过数值来设置颜色。它是一个组合积木，里面有4个选项：颜色、饱和度、亮度、透明度。它们的数值范围都是0～100，如果输入大于100的数值，如当将颜色的值设置为150时，则仅保留

十位与个位的值，对应的颜色值为50；当输入的透明度的值大于100时，则呈现完全透明的效果。

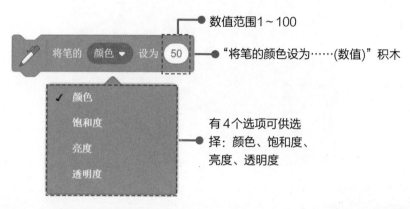

数值范围1~100

"将笔的颜色设为……(数值)"积木

有4个选项可供选择：颜色、饱和度、亮度、透明度

算法设计　本案例的基本结构为循环嵌套，第1层循环是画圈圈，第2层循环是随机改变圈圈参数的值。解决问题的思路如图所示。

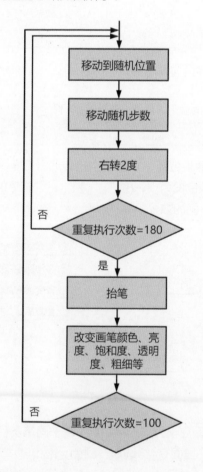

3. 实践应用

　　添加角色　运行Scratch软件，绘制一个正方形，命名为"小方块"，最后删除默认角色"小猫"。

　　编写角色"小方块"代码　根据前面的分析，如图所示，编写角色代码，绘制出大小、浓淡各不相同的圈圈。

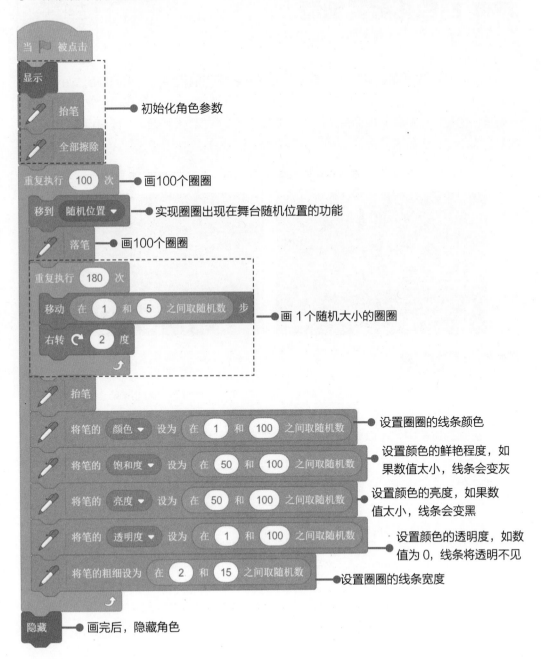

当 ▶ 被点击

显示

抬笔 ●——— 初始化角色参数

全部擦除

重复执行 100 次 ●——— 画100个圈圈

　移到 随机位置 ▼ ●——— 实现圈圈出现在舞台随机位置的功能

　落笔 ●——— 画100个圈圈

　重复执行 180 次

　　移动 在 1 和 5 之间取随机数 步 ●——— 画1个随机大小的圈圈

　　右转 ↻ 2 度

抬笔

　将笔的 颜色 ▼ 设为 在 1 和 100 之间取随机数 ●——— 设置圈圈的线条颜色

　将笔的 饱和度 ▼ 设为 在 50 和 100 之间取随机数 ●——— 设置颜色的鲜艳程度，如果数值太小，线条会变灰

　将笔的 亮度 ▼ 设为 在 50 和 100 之间取随机数 ●——— 设置颜色的亮度，如果数值太小，线条会变黑

　将笔的 透明度 ▼ 设为 在 1 和 100 之间取随机数 ●——— 设置颜色的透明度，如数值为0，线条将透明不见

　将笔的粗细设为 在 2 和 15 之间取随机数 ●——— 设置圈圈的线条宽度

隐藏 ●——— 画完后，隐藏角色

测试程序　可多次运行程序，对比每次随机生成的画面，直至达到满意的效果，再截图保存。

答疑解惑　在Scratch中画圆圈，重复执行次数和旋转的度数相乘后，一定要等于360的倍数，重复的次数越多，画出的圆就更精细、更接近正圆。

案例 70	**四色花瓣我创造**
	案例知识："将笔的粗细增加⋯⋯"积木

小猫不仅是森林里公认的绘画高手，还是一名优秀的程序员。它的好朋友小蝴蝶非常喜欢各色各样的花，小猫决定运用自己的编程技术制作一朵四色花送给它。这可不是一朵普通的花，这朵花不仅拥有"红""黄""蓝""绿"4种颜色，还可以自定义花瓣数量、大小等，真是太神奇了！

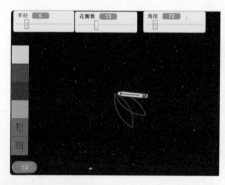 

1. 案例分析

本案例中，开始绘制前，单击绿旗，可初始化笔的参数，拖动屏幕上方3个参数滑块，可调节半径、花瓣数、角度等参数。单击"开始"按钮，角色"笔"开始自动绘画。在绘画的过程中，可以单击屏幕上的颜色色块及"粗""细"色块，调节线条的粗细与颜色。

想一想

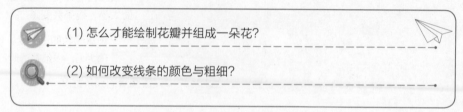

(1) 怎么才能绘制花瓣并组成一朵花？

(2) 如何改变线条的颜色与粗细？

理一理　本案例较复杂，要画花朵，需要先画花瓣，花瓣其实就是由两条方向相反的圆弧组成，转动总度数小于180度就可形成花瓣的圆弧。为了让花瓣更加美观，建议在绘制时重复次数与每次旋转角度相乘的"转动总度数"要控制在60～150度。画出一条圆弧后，还要旋转一个角度，以角色实现反方向运动，其度数等于"180−转动总度数"。重复以上动作2次，可画出2条圆弧组成的花瓣。接下来，想画几个花瓣，就再重复几次，每重复一次还需旋转1个角度，度数等于"360除以花瓣数"。绘制时，如果想改变线条的颜色与粗细，可通过"将笔的颜色设为……"积木与"将笔的粗细增加……"积木来实现。

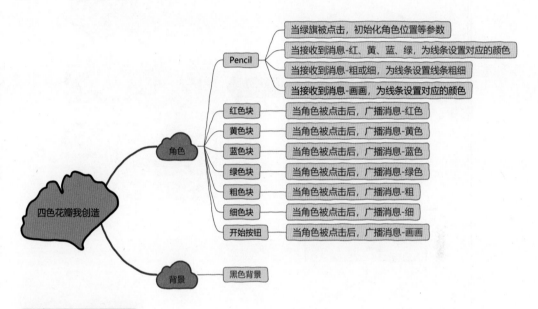

2. 案例准备

选择积木　"将笔的粗细增加……"属于画笔类积木，用它可以改变画笔的粗细。如果画笔的粗细增加一个正数，则画笔变粗；如果画笔的粗细增加一个负数，则画笔变细。

算法设计　本案例的核心算法结构是循环嵌套结构，3个循环嵌套在一起，第1个循环画一条弧；第2个循环是把画弧循环2次，形成花瓣；第3个循环执行画花瓣，形成数个花瓣的花朵(须提前创建3个变量：半径、花瓣数、角度)。解决问题的思路如图所示。

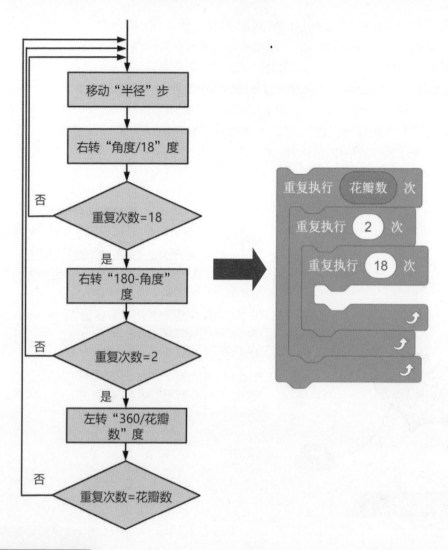

3. 实践应用

　　修改背景　运行Scratch软件，将默认白色背景填充成黑色。

　　添加角色　如下图所示，添加角色Pencil，将造型中心点放置在笔尖处；添加角色
Button2，并在按钮上添加文字"开始"；绘制角色"红色色块"(红色正方形)，再复制
5个，其中3个分别填充成"黄色""蓝色""绿色"，剩下2个，填充成紫色，分别添加
文字"粗""细"，并将色块与按钮排列在舞台左侧。

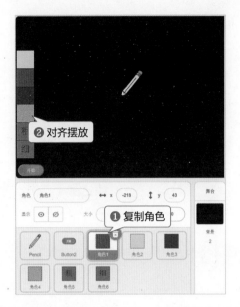

新建变量 根据算法分析，新建"半径""花瓣数""角度"变量，如下图所示。将3个变量设置成滑块显示在舞台上，分别设置滑块范围：半径(3～15)，花瓣数(5～30)，角度(60～150)。

编写各色块与按钮代码 在各色块与按钮中分别添加代码，并固定角色位置，设置对应的广播消息。下图是角色"红色色块"、角色"粗色块"、角色"开始按钮"的代码示例，其余色块参考示例添加代码。

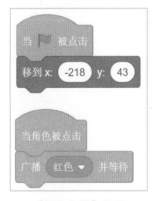

"红色色块"代码   "粗色块"代码   "开始按钮"代码

213

添加角色Pencil代码(初始化) 根据算法分析，如右图所示，添加代码，固定画笔初始位置及状态。

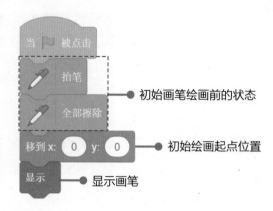

初始画笔绘画前的状态

初始绘画起点位置

显示画笔

添加角色Pencil代码(绘画) 根据算法分析，如下图所示，添加绘画代码，实现绘制花瓣的功能。

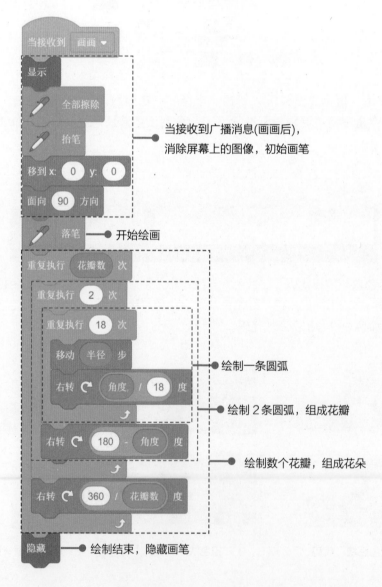

当接收到广播消息(画画后)，消除屏幕上的图像，初始画笔

开始绘画

绘制一条圆弧

绘制2条圆弧，组成花瓣

绘制数个花瓣，组成花朵

绘制结束，隐藏画笔

添加角色Pencil代码(改变颜色)　根据算法分析，如下图所示，添加代码，实现改变画笔颜色的功能。

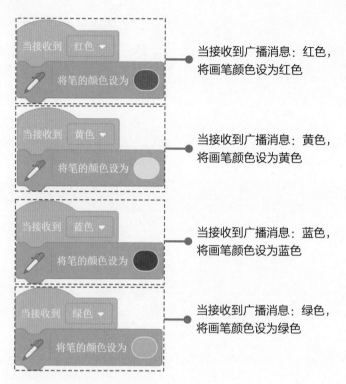

当接收到广播消息：红色，
将画笔颜色设为红色

当接收到广播消息：黄色，
将画笔颜色设为黄色

当接收到广播消息：蓝色，
将画笔颜色设为蓝色

当接收到广播消息：绿色，
将画笔颜色设为绿色

添加角色Pencil代码(改变线条粗细)　根据算法分析，如下图所示，添加代码，实现改变线条粗细的功能。

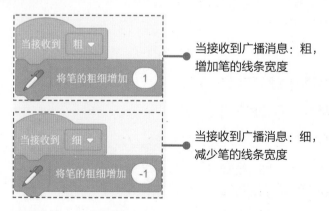

当接收到广播消息：粗，
增加笔的线条宽度

当接收到广播消息：细，
减少笔的线条宽度

组合积木，测试程序　把代码组合在一起，运行程序，查看程序运行效果。也可滑动"半径""花瓣数""角度"变量滑块，调整花瓣的外形，在绘制过程中，单击相应色块，改变花瓣颜色，直至达到满意的效果。

第 7 章

千变万化：变量与列表

通过前面几章的学习，我们已经掌握了 Scratch 的顺序结构、选择结构、循环结构的使用方法，并且可以利用这些结构解决一些简单的实际问题。然而，当面对复杂的场景时，仅仅掌握这些简单的编程方法就捉襟见肘了。因此，我们需要引入变量和列表来存储和管理数据，以便程序能够更灵活地调用和处理。

本章将通过多个案例讲解变量和列表的相关知识，帮助同学们掌握 Scratch 中变量和列表的使用方法。

学习内容

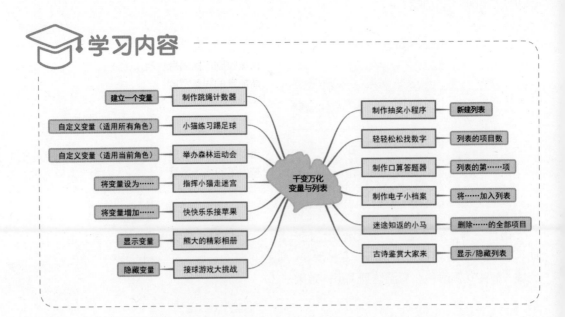

案例 71 制作跳绳计数器

案例知识： "建立一个变量" 积木

小明同学制作了一个跳绳小程序，单击"开始"按钮后，程序中的人物开始跳绳，直到单击"结束"按钮为止。但是，此程序无法记录人物跳绳的数量，于是小明继续研究，尝试统计跳绳数量。经过一番研究，他终于设计出统计跳绳数量的程序，让我们看看他是怎么做的吧。

1. 案例分析

根据题意，要记录跳绳的数量，即角色每跳一次就要记录一次。相应的程序为当按下开始按钮，开始跳绳并记录数字，当按下停止按钮，停止跳绳并停止记录。

想一想

 (1) 使用哪块积木来统计跳绳次数？

 (2) 如何开始与结束跳绳的计数？

理一理 要想实现记录跳绳数量的效果，需要运用哪些角色和代码，它们分别起到什么作用。

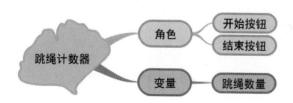

2. 案例准备 🗜

选择积木 "建立一个变量"属于变量类积木，用于记录每次跳绳的数字。它常常与其他积木一同使用，用于记录数据。

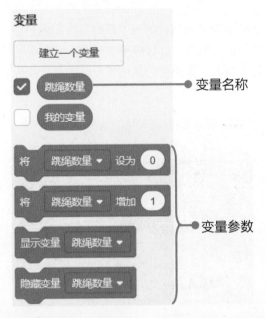

算法设计 本案例运用的算法比较简单，关键是在每跳一次绳后，及时记录一次数据，如图所示。

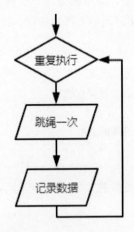

3. 实践应用 👕

添加背景和角色 单击"背景"按钮，从素材库中选择棒球场背景，删除小猫角色，上传跳绳、开始、停止角色，调整位置和大小，效果如图所示。

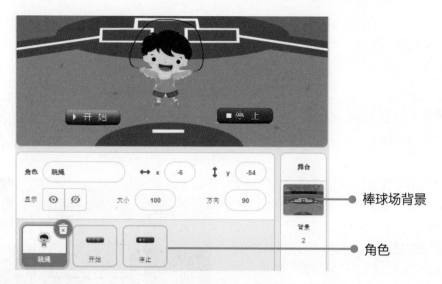

　　棒球场背景

　　角色

　　编写"开始"与"停止"代码　分别选择"开始"与"停止"角色，编写代码，参考代码如图所示。

角色运行方式

角色运行方式

"开始"按钮　　　　"停止"按钮

　　新建变量　选择变量模块，新建一个变量，命名为"跳绳数量"。
　　编写"跳绳"代码　选择"跳绳"角色，编写代码，记录跳绳的数据，参考代码如图所示。

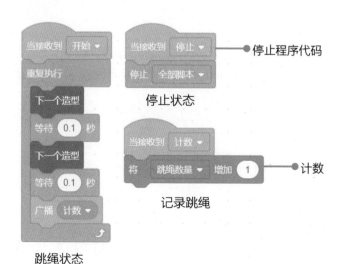

停止程序代码

停止状态

计数

记录跳绳

跳绳状态

测试程序　运行程序，查看程序运行结果，单击开始按钮，开始程序；单击结束按钮，停止程序。观察程序运行效果，通过调整"等待"时间的参数，调试程序。

案例 72 小猫练习踢足球

案例知识："自定义变量(适用所有角色)"积木

小猫非常喜爱足球，经常会去球场上踢球。这天，小猫又在球场练习射门了，为收集练习的数据，小猫制作了一个自动记录进球的程序，侦测足球的动态。当足球进入球门内，自动记录数据，每进一球就记录一次得分，让练习成果一目了然。

1. 案例分析

根据题意，要制作小猫射中球门得分的计数器，当小猫踢球时，球随机向球门移动，统计进入球门的球的数量，没有进入球门的不统计。

想一想

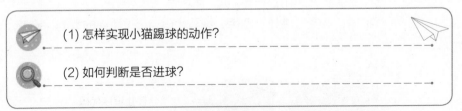

(1) 怎样实现小猫踢球的动作？

(2) 如何判断是否进球？

理一理　要统计小猫踢入球门的球的数量，应该使用哪一个模块的积木？在什么时候计数？

用于计数的积木是	
判断得分的条件是	

2. 案例准备

选择积木　"自定义变量(适用所有角色)"属于变量类积木，用来存储数据，可以根据需要设置变量的适用范围。

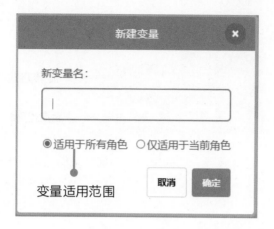

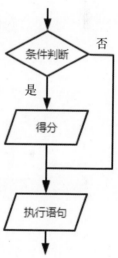

算法设计　本例的关键是通过"重复执行"积木，根据任务添加多条代码，判断足球是否进入球门。解决问题的思路如图所示。

3. 实践应用

添加背景和角色　单击"背景"按钮，从素材库中选择足球场背景，保留默认角色"小猫"，添加角色soccer ball，设置好角色起始位置，效果如图所示。

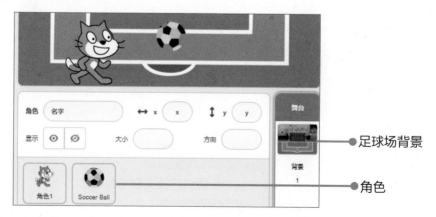

编写角色"小猫"初始代码　选择角色"小猫"，编写其初始代码，设置起始位置与旋转方式，参考代码如图所示。

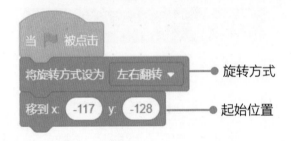

编写角色"小猫"行走代码　选择角色"小猫",编写其行走代码,参考代码如图所示。

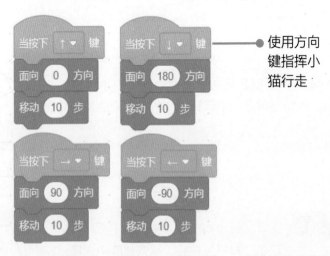

编写角色"小猫"踢球代码　选择角色"小猫",编写其踢球代码,设置触发条件,参考代码如图所示。

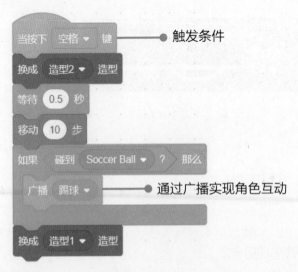

添加变量　选择变量模块,添加新的变量,命名为"得分",设置其适用所有角色。

编写角色"足球"踢球代码 选择角色soccer ball，编写其代码，设置触发条件与数据记录，参考代码如图所示。

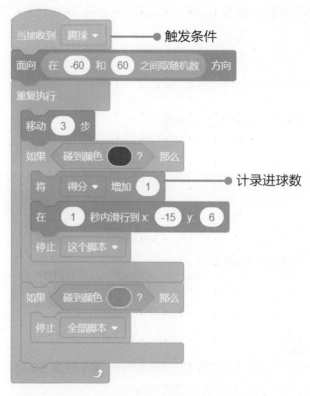

测试程序 运行程序，移动小猫接近足球，按空格键射门，查看程序运行结果。

案例
73
举办森林运动会
案例知识："自定义变量(适用当前角色)"积木

森林里要举办运动会了，小动物们纷纷参加比赛，其中参加人数最多的是跑步，这可急坏了班主任，怎样才能准确记录每个选手的成绩呢？小猫提出使用程序来计时，当发令枪响起时开始计时，给每个运动员设定一个计时器，当运动员身体的任一部位接触到"终点"，停止该运动员的计时，记录的时间为该运动员的最终成绩，这样即使再多动物参加比赛也不会发生错误。

1. 案例分析

根据题意，要记录选手的成绩，需要给每个小动物设计不同的计时器，这个计时器只适用于当前的比赛选手，到达"终点"时自动停止计时。

想一想

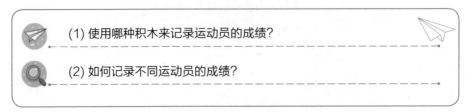

(1) 使用哪种积木来记录运动员的成绩？

(2) 如何记录不同运动员的成绩？

理一理　为了实现记录每个选手成绩的设想，需要建立什么样的变量？

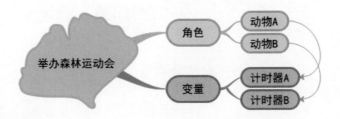

2. 案例准备

选择积木　"自定义变量(仅适用于当前角色)"属于变量类积木，可以创建属于当前角色的特有变量，此变量的值不会影响其他角色。

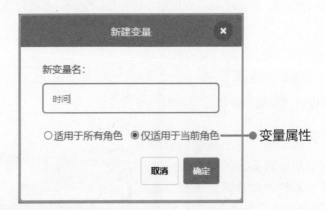

算法设计　本案例的关键是通过"等待1秒"积木，记录小动物的比赛时间。解决问题的思路如图所示。

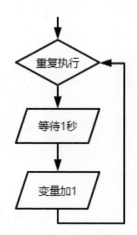

3. 实践应用

添加背景和角色 单击"背景"按钮，添加运动会背景，保留默认角色"小猫"，从角色库中选择dog2-a，绘制终点线等，分别重命名为"喵喵""旺旺"和"终点"，效果如图所示。

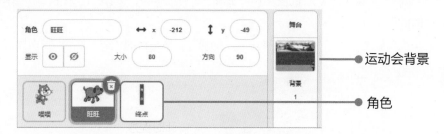

编写角色运动代码 分别选择角色"喵喵"和"旺旺"，编写运动代码，设置角色造型，参考代码如图所示。

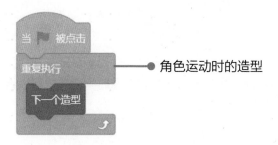

编写角色"喵喵"代码 选择角色"喵喵"，编写代码，设置计时停止条件，参考代码如图所示。

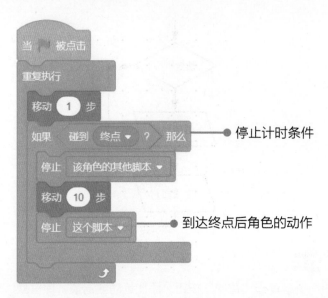

停止计时条件

到达终点后角色的动作

编写角色"旺旺"代码　按同样的方式，编写角色"旺旺"代码，移动的数值要与"喵喵"不同。

添加角色"喵喵"变量　选择角色"喵喵"，新建一个变量，适用于当前角色，变量名为"时间"。

编写角色"喵喵"计时代码　选择角色"喵喵"，编写计时代码，参考代码如图所示。

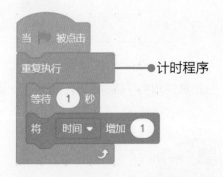

计时程序

编写角色"旺旺"计时代码　按同样的方式，编写角色"旺旺"的计时代码。

测试程序　运行程序，角色进入比赛，查看时间变量，可以看到每位选手的比赛用时，通过调整"移动"参数，调试程序。

案例 74　指挥小猫走迷宫

案例知识："将变量设为……"积木

小猫发现丛林中有一座城堡，于是想到城堡中探险，但到达城堡前需要穿过一个迷

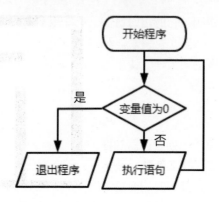

3. 实践应用

添加背景和角色　单击"舞台"，选择"背景"，绘制迷宫，再从背景库中选择城堡背景，效果如图所示。

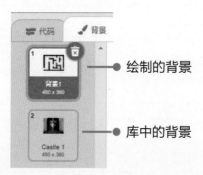

编写角色"小猫"初始代码　选择小猫角色，编写初始运行代码，切换背景，设置碰壁条件和小猫造型等，参考代码如图所示。

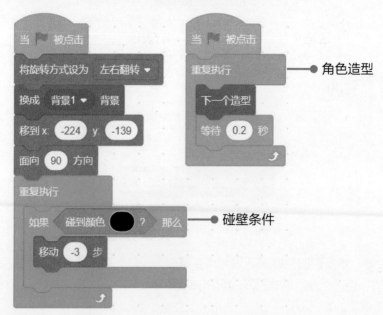

　　编写角色"小猫"行走代码　选择角色"小猫"，编写代码，设置角色移动条件，参考代码如图所示。

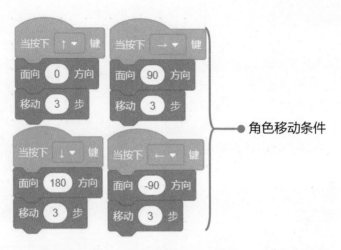

角色移动条件

　　编写时间变量　新建时间变量，使其适用于所有角色，将时间设置为60。

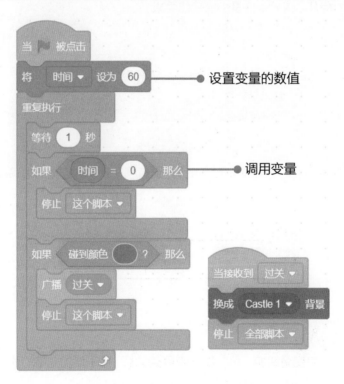

设置变量的数值

调用变量

　　测试程序　运行程序，使用键盘按键指挥小猫走出迷宫，查看程序运行结果。

案例 75 **快快乐乐接苹果**

案例知识："将变量增加……"积木

秋天是收获的季节，树上的苹果熟了，一个一个地掉在地上，小猫连忙跑过来，快快乐乐地接苹果。看着收获满满的口袋，小猫开心极了。李明要编写一个程序模拟以上场景，苹果随机从上方自由落下，玩家移动小猫来接住苹果。每接到一个苹果，得分增加10分，接不住则不得分，直到程序运行结束。

1. 案例分析

根据题意，要制作一个接苹果的程序，角色有小猫和苹果，苹果随机落下，控制小猫移动，变量为得分，得分条件是小猫接住苹果。

想一想

 (1) 使用什么积木来设置苹果的多次显示？

 (2) 当小猫接住苹果后，如何增加计数？

理一理　本案例中，使用的角色和背景分别有哪些？将你知道的填写在下表中。

角色：＿＿＿＿＿＿＿＿＿＿＿＿＿＿＿＿＿＿＿

背景：＿＿＿＿＿＿＿＿＿＿＿＿＿＿＿＿＿＿＿

2. 案例准备

选择积木　"将变量增加……"属于变量类积木，用于增加变量的值。

增加的数值

算法设计　本案例的关键是通过"重复执行"积木，根据任务添加多条代码，让数字随时间进行更换。解决问题的思路如图所示。

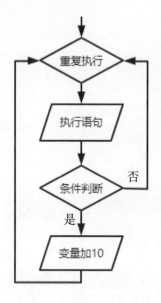

3. 实践应用

添加背景和角色　打开"背景"库，选择大树背景，保留默认角色"小猫"，单击"选择角色"按钮，上传"苹果"角色，效果如图所示。

编写角色"小猫"代码　选择角色"小猫"，编写代码，参考代码如图所示。

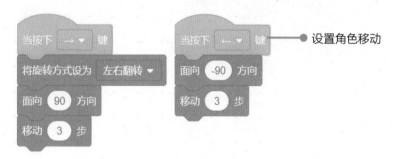

　　添加"得分"变量　在变量模块中，新建变量"得分"，用于计算最后得分。

　　编写角色"苹果"初始代码　选择角色"苹果"，克隆苹果，编写代码，参考代码如图所示。

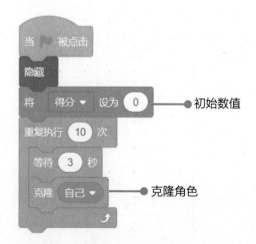

　　编写角色"苹果"克隆代码　选择"当作为克隆体启动时"代码，编写代码，设置角色呈现方式与得分条件，参考代码如图所示。

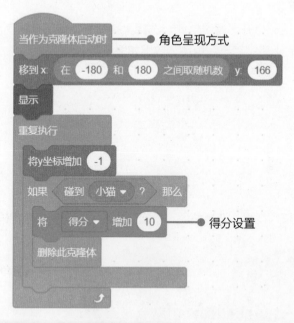

　　测试程序　运行程序，通过调整y坐标增加值，可以改变苹果下落的速度，查看程序运行结果，调试程序。

案例 76　熊大的精彩相册

案例知识："显示变量"积木

熊大收集了许多欢乐时光的照片，它将这些照片导入电子相册中，希望照片能够每隔一定时间自动播放下一张，同时显示浏览倒计时，这样它就可以看到所有精彩的照片了。快来帮助熊大编写这个循环播放照片的程序吧。

1. 案例分析

根据题意，要制作一个每隔一定时间自动播放照片的程序，照片上显示浏览倒计时，始终循环播放。

想一想

(1) 电子相册如何实现循环播放效果？

(2) 怎样设置5秒钟自动切换照片的效果？

理一理　本案例需要几个变量，变量的初始状态怎样设置？请将变量名称和初始数值填入下表中。

变量名称	初始数值

2. 案例准备

选择积木　"显示变量"属于变量类积木，可以根据条件设置变量的显示时机，确保变量在需要的时候显示出来。

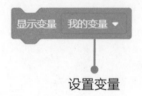

设置变量

算法设计　本案例的关键是使用"显示变量"积木，让变量在舞台中显示出来。解决问题的思路如图所示。

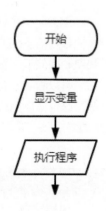

3. 实践应用

添加背景和角色　单击"背景"按钮，上传背景图片"封面""熊大01""熊大02""熊大03"，删除默认角色"小猫"，上传角色"熊大"。

编写角色"熊大"代码　选择角色"熊大"，编写代码，实现电子相册的循环播放效果，参考代码如图所示。

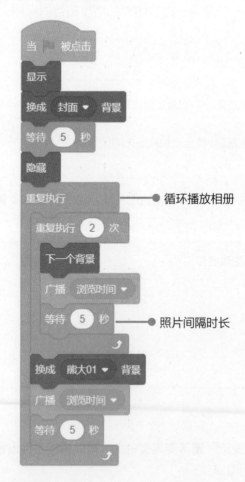

添加变量 在变量模块中，新建一个变量"浏览时间"，将其初始状态设置为不显示 。

添加变量代码 在"熊大"代码中，添加变量代码，设置浏览时长，参考代码如图所示。

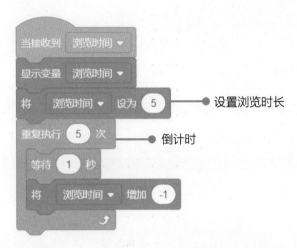

设置浏览时长

倒计时

测试程序 运行程序，熊大的精彩照片将自动播放，查看程序运行结果，通过调整"浏览时间"变量的参数值，可以更改照片显示时长。

案例 77 接球游戏大挑战

案例知识："隐藏变量"积木

接球游戏具有挑战性和娱乐性，开始游戏后，小球从顶部随机角度匀速运动，玩家通过移动底部横杆，接住小球。当接住小球时得10分，同时速度增加1，提高游戏的难度；当小球没有被接住时，则计失败1次，一共可以失败3次，每次失败后可重新开始，保留得分，3次失败后的得分为最终得分，同时游戏结束。

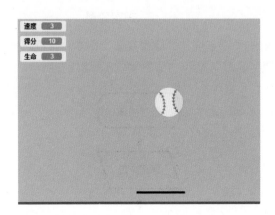

1. 案例分析

本案例要制作一个接球游戏的动画，这需要精心设计一个程序框架，模拟小球下落的角度和移动速度，要检测和处理玩家接住小球的动作，并判断成功与否，还需更新相应的得分和失败次数。

想一想

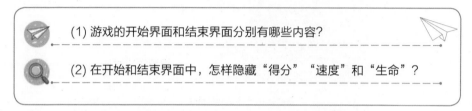

(1) 游戏的开始界面和结束界面分别有哪些内容？

(2) 在开始和结束界面中，怎样隐藏"得分""速度"和"生命"？

理一理　接球游戏的程序包括背景、角色和变量，它们分别包含下图中的内容。

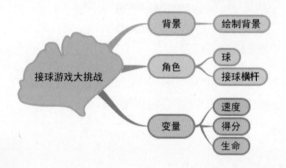

2. 案例准备

选择积木　"隐藏变量"属于变量类积木，用于控制变量的显示。在接球游戏中，用于控制变量的显示。

指定变量

算法设计　本案例的关键是通过"隐藏变量"积木，根据任务在接球游戏的开始和结束页面中，控制变量的隐藏与显示。解决问题的思路如图所示。

3. 实践应用

　　绘制背景　单击"背景"按钮，绘制背景"开始界面""游戏界面""结束界面"和"失败界面"，效果如图所示。

背景

　　添加角色　删除"小猫"角色，添加角色"球"，上传"开始"和"返回"按钮，绘制"横杆"角色。

　　编写角色"开始"代码　选择角色"开始"，编写代码，添加游戏触发条件与结果，参考代码如图所示。

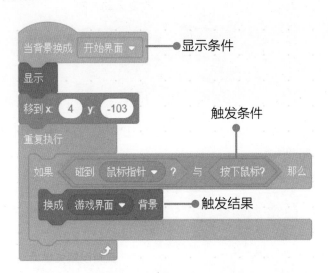

　　显示条件
　　触发条件
　　触发结果

　　编写角色"返回"代码　以同样的方式，在"游戏结束"界面编写"返回"角色，将返回的结果设置为"开始界面"。

　　编写角色"横杆"代码　选择角色"横杆"，编写代码，操控方向键就可以实现左右移动的效果，不设置角色的上下移动代码。

　　添加变量　添加全局变量"速度""得分""生命"，设置变量的初始状态，参考代码如图所示。

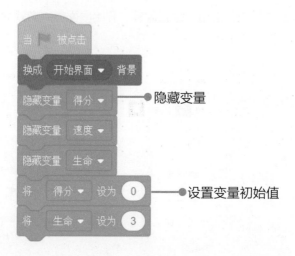

编写角色"球"碰到"横杆"代码 选择角色"球"，编写代码，设置变量数值，参考代码如图所示。

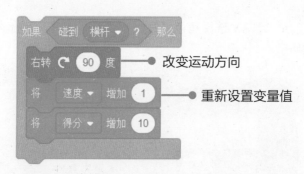

编写角色"球"碰到底部颜色的代码 继续在角色"球"中编写代码，设置游戏画面切换，参考代码如图所示。

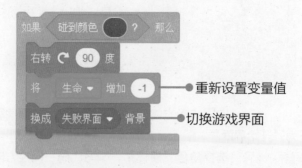

编写游戏结束代码 判断变量"生命"，当值为0时，结束游戏，参考代码如图所示。

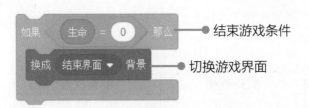

如果 生命 = 0 那么 ●——— 结束游戏条件

换成 结束界面 ▼ 背景 ●——— 切换游戏界面

测试程序 运行程序，使用"横杆"接球，查看程序运行结果，通过调整"生命"变量参数值，设置游戏的难度，调试程序。

案例 78 制作抽奖小程序
案例知识："新建列表"积木

元旦活动即将到来，小王同学制作了一个抽奖程序，用于在元旦活动中同学们抽取奖品。同学们通过点击程序中的"抽奖箱"开始抽奖，奖品分为六等，抽中即获得相应的奖品。让我们来制作这个抽奖程序吧！

1. 案例分析

本案例要制作一个抽奖的程序，应确定抽奖活动的具体规则和奖品设置，如奖品等级、数量和奖品名称，还应确定用户的参与方式。

想一想

 (1) 抽奖名单应如何制作？

 (2) 怎样随机显示抽奖名单？

理一理 抽奖箱里设计了几种奖品,这些奖品的中奖次数分别是多少?想一想,将它们填写在下表中。

奖品等级	中奖次数
一等奖	1

2. 案例准备

选择积木 "新建列表"属于变量类积木,可与其他命令结合使用,用于在程序中存储数据,供程序调用。

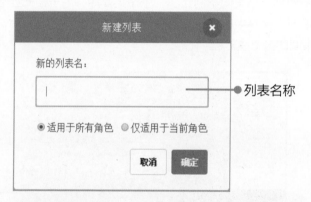

算法设计 本案例的关键是通过"新建列表",根据任务添加列表代码,将抽奖名单存储在列表中,在抽奖时随机调用。解决问题的思路如图所示。

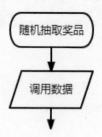

3. 实践应用

添加背景和角色 单击"背景"按钮,上传"抽奖"文件作为背景图片,删除默认角色"小猫",单击"角色"按钮,上传"抽奖箱"角色,效果如图所示。

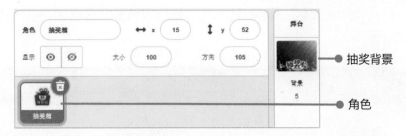

抽奖背景

角色

编写角色"抽奖箱"代码　选择角色"抽奖箱"，编写代码，设置开始条件与抽奖动画，参考代码如图所示。

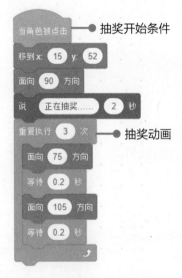

抽奖开始条件

抽奖动画

添加列表　在变量模块中，选择"新建一个列表"，添加"抽奖名单"列表，并在列表中添加奖品，效果如图所示。

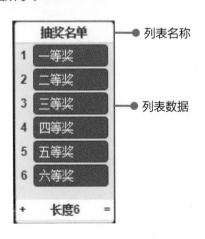

列表名称

列表数据

抽奖代码　在"抽奖箱"角色的代码中，继续添加代码，随机显示列表中的数据，参考代码如图所示。

数据来源　　　　　　　　　　　抽奖奖励

测试程序　运行程序，点击"抽奖箱"进行抽奖，查看程序运行结果，通过调整"抽奖名单"参数，调试程序。

案例 79 轻轻松松找数字
案例知识："列表的项目数"积木

在众多的数字中想要快速找到最小数、最大数，算出平均数还是很困难的，我们可以制作一个程序，利用程序对数字进行比较，找到最小数和最大数，通过计算求出平均数。有了这个程序，不论数字有多少，都能快速地找出最小数或最大数。

1. 案例分析

本案例要制作一个找数字程序，该程序能够接收数字输入，通过计算快速找出最小数、最大数和平均数。

想一想

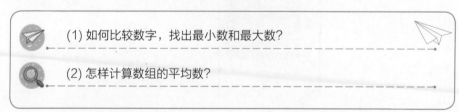

(1) 如何比较数字，找出最小数和最大数？

(2) 怎样计算数组的平均数？

理一理　想要找出数字，需要先对2个数进行对比，找出最小数或最大数，再用这个数依次对比数组中的其他数。

2. 案例准备

选择积木　"列表的项目数"属于变量类积木，统计列表中已有数据的数量，通常与其他积木组合使用。

列表名称

算法设计　本案例中"列表的项目数"作为重复的次数，让列表中的所有数值都对比一次，从而找到最小数或最大数。解决问题的思路如图所示。

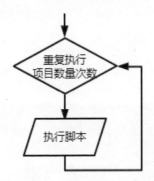

3. 实践应用

绘制背景　单击"背景"按钮，添加背景Slopes，打开并绘制背景，为背景添加文字信息，效果如图所示。

添加变量　根据需求，添加"最大数""最小数""总数""平均数""列表序号"等5个变量，设置"总数""列表序号"变量为隐藏状态。

添加列表　添加"原始数据"列表，用于储存数据。

导入数据到列表　按如图所示操作，将准备好的数据导入列表中。

编写最小数的代码　选择角色"最小数"，编写查找最小数的代码，设置数据的初始值与重复次数，参考代码如图所示。

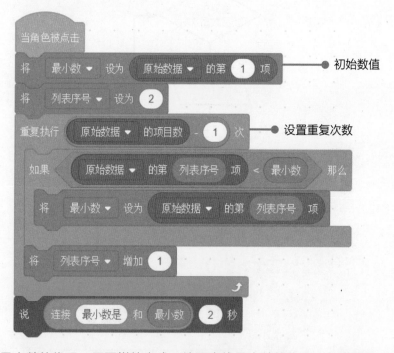

编写最大数的代码　用同样的方式，编写查找最大数的代码，与查找最小数不同的是，要判断"原始数据的项"大于"最大数"，将新的数值赋值给"最大数"。

编写平均的代码　继续编写求平均数的代码，设置求平均数公式等，参考代码如图所示。

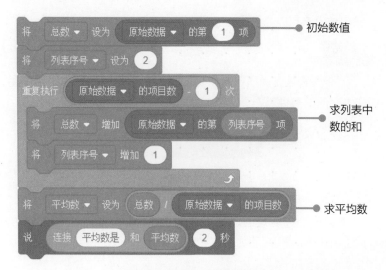

初始数值

求列表中数的和

求平均数

测试程序　运行程序，找出数组中的最大数和平均数，查看程序运行结果，调试程序。

案例 80 制作口算答题器

案例知识： "列表的第……项"积木

小猫在做数学口算练习，它根据题库随机出的题目口算出答案，并将答案提交，由程序来判断回答正确与否，答对一题得10分，答错一题扣5分。题库的数据量越大，题目重复的概率越低，练习的效果也就越好。

1. 案例分析

在本案例中，小猫遇到的题目是随机生成的，可以根据需要设置出题的数量。

想一想

(1) 如何将题库数据导入程序中？

(2) 怎样判断做题的准确性？

理一理　题目与答案可以存储在一起吗？为什么？

2. 案例准备

选择积木　"列表的第……项"属于变量类积木，与其他积木组合使用，不可以单独使用，一般作为判断的条件等。

列表选项

算法设计　本案例的关键是通过"列表的第……项"积木，根据任务添加多条代码，来判断答案是否正确。解决问题的思路如图所示。

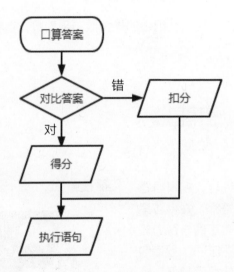

3. 实践应用

添加背景和角色　单击"背景"按钮，上传教室背景，保留默认角色"小猫"，调整好小猫角色的位置，效果如图所示。

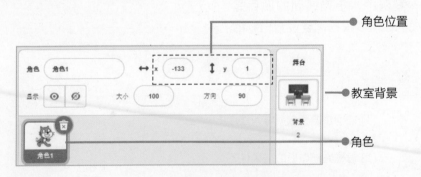

添加变量　根据需求，添加"得分""题号"2个变量，设置"题号"变量为隐藏状态。

添加列表　添加"题库""答案"2个列表，用于储存题目和答案。

导入数据到列表　将准备好的算式和答案分别导入"题库"和"答案"列表中。

编写出题代码　选择小猫角色，初始化变量数值，随机出题，参考代码如图所示。

编写答案代码　当接收到输入的答案后，对比"答案"列表，判断输入的答案是否正确并给出反馈，参考代码如图所示。

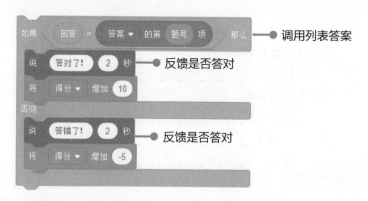

测试程序　运行程序，根据题目给出相应的答案，查看程序运行结果，通过调整得分参数，修改奖惩分值，调试程序。

案例 81　制作电子小档案

案例知识："将……加入列表"积木

本学期，老师想建立班级学生的电子档案，方便后续联系。为了能够便捷地登记同学的姓名和学号，老师设计了一个电子档案程序，在登记的过程中，要能够对比档案查重，对已经添加的同学不再重复登记，避免重复建档。请根据需求，和老师一起制作这个电子档案小程序吧！

1. 案例分析 🐕

根据题意，本案例要制作一个收录学生姓名和学号的程序，以提供一个简洁、高效的方式来管理学生的姓名和学号信息，避免重复收录，提高信息管理效率。

想一想

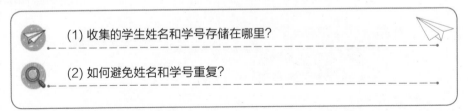

(1) 收集的学生姓名和学号存储在哪里？

(2) 如何避免姓名和学号重复？

理一理　本案例既要实现记录输入的信息，又要对输入的信息进行查找对比，防止重复，列表和变量应该如何设置？

姓名列表名称：＿＿＿＿＿＿＿＿＿＿＿＿，

学号列表名称：＿＿＿＿＿＿＿＿＿＿＿＿，

姓名变量名称：＿＿＿＿＿＿＿＿＿＿＿＿，

学号变量名称：＿＿＿＿＿＿＿＿＿＿＿＿。

2. 案例准备 📐

选择积木　"将……加入列表"属于变量类积木，可实现将输入的信息添加到列表，存储数据，记录学生档案等操作。

 将信息添加到列表

算法设计　本案例的关键是通过"将……加入列表"积木，根据任务添加多条代码，实现记录学生信息的操作。解决问题的思路如图所示。

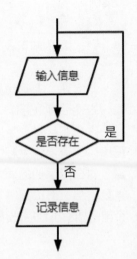

3. 实践应用

添加背景和角色 单击"背景"按钮，上传档案室背景，删除默认角色"小猫"，从角色库中添加Pico角色，效果如图所示。

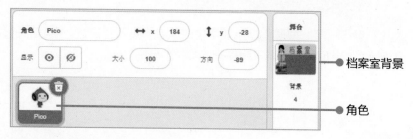

编写档案录入准备代码 选择角色Pico，编写程序启动的代码，设置程序启动条件，参考代码如图所示。

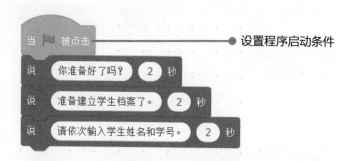

添加变量 根据需求，分别给姓名和学号添加变量，命名为name、id。

添加列表 根据需求，分别给姓名和学号添加列表，命名为"姓名""学号"。

编写"输入姓名"代码 在程序中，添加输入姓名的代码，对输入的信息与已存在的数据进行对比，参考代码如图所示。

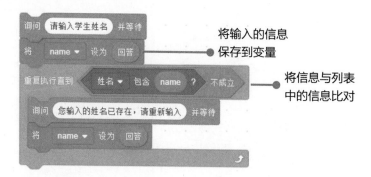

编写"输入学号"代码 用同样的方式，在程序中继续添加输入学号的代码。

将输入的信息保存到列表 在程序中，添加"将……加入列表"代码，把输入的学生档案保存到列表中，参考代码如图所示。

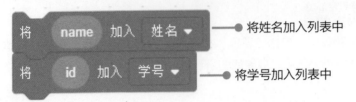

将姓名加入列表中

将学号加入列表中

测试程序　运行程序，根据程序添加学生的信息，查看程序运行结果，通过修改提示语句，提高程序的可理解性，调试程序。

案例
82

迷途知返的小马

案例知识："删除……的全部项目"积木

都说迷路的马儿能够找到回家的路，你知道它是如何找到回家之路的吗？可爱的小马一早出门找食物，在鼠标的引导下，小马顺利地找到了食物，还记下了回家的路，吃完食物的小马根据记忆的路线，顺利地找到了回家的路线，并且安全到家。

1. 案例分析

根据题意，本案例要制作一个小马原路返回家的程序，模拟小马从食物地点返回家中的路线，并确认小马是否安全到家。此外，还要消除记忆的路线。

想一想

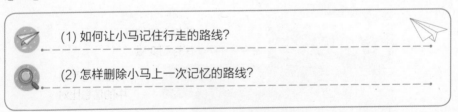

(1) 如何让小马记住行走的路线？

(2) 怎样删除小马上一次记忆的路线？

理一理　想要小马原路返回家，先要记住行走的路线，待到返回时按记忆路线行走即可，回到家后将记忆的路线消除，方便小马再次外出觅食。

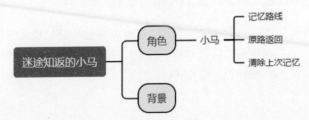

迷途知返的小马 —— 角色 —— 小马 —— 记忆路线 / 原路返回 / 清除上次记忆

背景

2. 案例准备

选择积木 "删除……的全部项目"属于变量类积木，可以将变量里的数据全部删除，释放变量的空间，为下一次存储数据做好准备。

删除列表的名称

算法设计 本例的关键是通过"删除……的全部项目"积木，将小马的行走数据清空，为下一次记录数据提供空间。解决问题的思路如图所示。

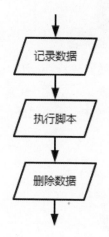

3. 实践应用

添加背景和角色 单击"背景"按钮，上传图片路线背景，删除默认角色"小猫"，单击"选择角色"按钮，从素材库中添加角色Horse，效果如图所示。

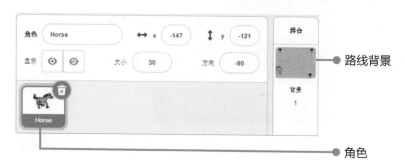

　　编写角色代码　选择角色"小马"，编写代码，设置初始状态，参考代码如图所示。

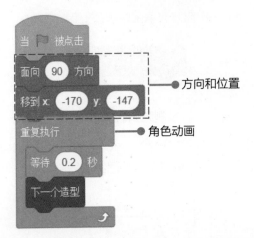

　　添加变量　根据需求，分别添加变量vx、vy和i，用于存储坐标数据。

　　添加列表　根据需求，添加列表x、y，用于记录小马行走的坐标。

　　编写记录行走路线代码　在角色中，编写代码，记录小马行走的路线坐标，储存在列表中，参考代码如图所示。

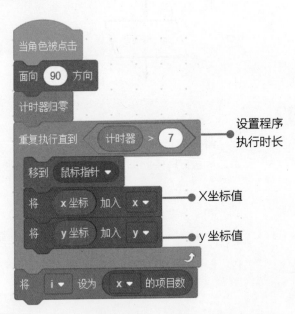

　　编写记录返回路线代码　继续编写代码，记录小马根据行走路线原路返回，参考代码如图所示。

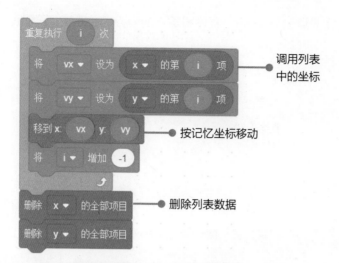

测试程序 运行程序，使用鼠标拖动小马出门找食物，观察程序，小马能够根据行走的路线原路返回。

案例 83 古诗鉴赏大家来

案例知识："隐藏/显示列表"积木

小李是古诗爱好者，他设计了一个古诗鉴赏程序，邀请好友一起分享、鉴赏古诗。每位参与的小伙伴在程序中写出自己分享的古诗，通过查看按钮可以查看古诗的内容。当一轮古诗鉴赏完毕，通过返回按钮，可以进行下一轮古诗鉴赏。快来制作这个小程序，邀请小伙伴们也来参与古诗鉴赏吧！

1. 案例分析

本案例要制作一个记录古诗的程序，用户可以在登录后分享古诗，程序将保存内容并提供鉴赏页面。

想一想

(1) 使用什么积木记录古诗？

(2) 如何隐藏或显示已记录的古诗？

理一理 用户需先输入古诗，程序将输入的内容记录下来，再通过按钮显示或隐藏古诗。

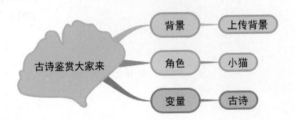

2. 案例准备

选择积木 "显示/隐藏列表"属于变量类积木，可以将列表显示或隐藏起来。

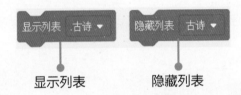

显示列表　　　　隐藏列表

算法设计 本案例的关键是通过"显示列表"积木，将分享的古诗内容显示出来。解决问题的思路如图所示。

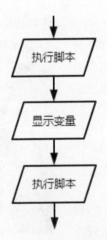

3. 实践应用

添加背景和角色 单击"背景"按钮，上传古诗背景图片，上传角色"查看""返回"，效果如图所示。

古诗背景

角色

编写角色代码　选择角色"小猫"，编写代码，设置初始状态，参考代码如图所示。

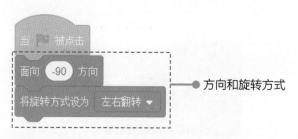

方向和旋转方式

添加列表　根据需求，添加列表"古诗"，用于记录古诗。

编写记录古诗代码　在角色中添加记录古诗的代码，用于记录古诗，将记录的数据储存在列表中，参考代码如图所示。

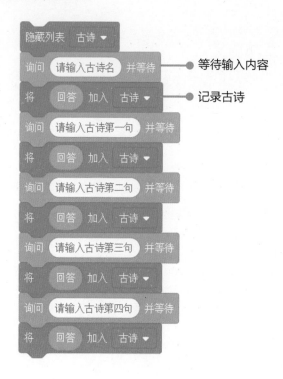

等待输入内容

记录古诗

编写查看古诗代码　选择"查看"角色，编写代码，查看记录的古诗，参考代码如图所示。

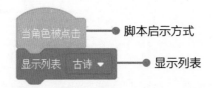

编写返回角色代码　选择"返回"角色，编写代码，隐藏古诗，参考代码如图所示。

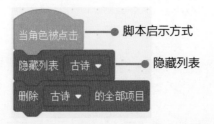

测试程序　运行程序，根据程序的提示，输入古诗，通过查看按钮可以查看输入的结果。

第 8 章

神机妙算：运算模块

也许很多同学会认为 Scratch 的主要功能是绘画、制作动画或制作简单的小游戏。事实上，Scratch 不仅可以制作出功能强大的程序，还可以制作出非常复杂的大型游戏，这一切都离不开一个重要的功能——运算。Scratch 中的运算，不仅能够满足基本的数学计算，还能够进行比较与判断，配合其他积木还能实现更多功能。

本章将通过多个案例，介绍运算模块的相关知识，帮助我们用程序解决生活中遇到的问题，体验 Scratch 的独特魅力。

🎓 学习内容

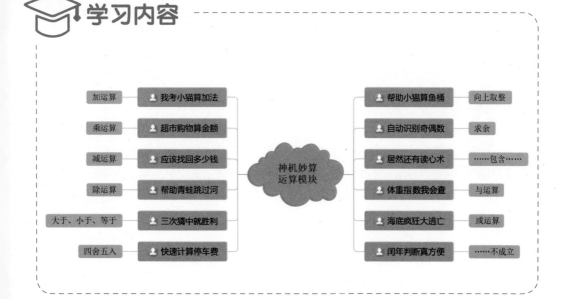

案例
84

我考小猫算加法

案例知识："加运算"积木

魔法森林举办动物口算比赛，小猫报名参加了"加法组"的比赛。为了赢得比赛，它每天都会进行加法口算练习，还总是邀请大家给它出题，经过一番努力，小猫的口算能力快速提升。现在只要告诉它，2个加数各是多少，它就能立即算出答案，而且正确率居然达到100%，真是太神奇了！

1. 案例分析

本案例是和小猫做口算问答小游戏，当"告诉"小猫2个加数后，小猫能够快速算出结果，并说出来。

想一想

 (1) 通过什么方式可以把2个加数"告诉"小猫？

 (2) 采用什么方法能让小猫算出2个加数的和？

理一理　本案例的核心在于数据的输入与处理，可通过新建变量来存储加数，新建2个变量(加数1与加数2)，通过"询问……并等待"积木，把2个加数依次赋值给2个变量，实现"告诉"小猫的功能。计算这2个加数时，可以运用"加运算"积木，将2个变量相加计算。

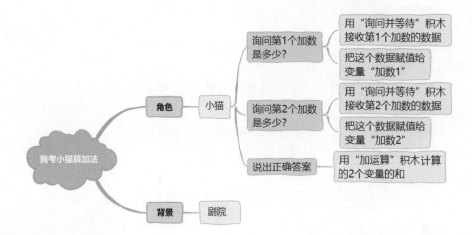

2. 案例准备 📐

　　选择积木　"加运算"属于基础运算类积木，主要功能是进行数学"四则运算"中的"加法运算"，可计算出2个数量相加的结果，具体用法如下图所示。

相加的 2 个量 ●

加运算积木 ●

还可以把运算积木组合在一起用

　　算法设计　本案例的算法较简单，由顺序结构组成，可以根据分析的思路逐一设计。其关键在于，如何把2个加数分别输入Scratch，以及用什么积木来完成加法计算。解决问题的思路如图所示。

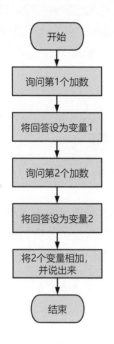

3. 实践应用

添加背景　运行Scratch软件，添加剧院背景，并删除默认空白背景。

新建变量　新建2个变量："加数1"和"加数2"，用于记录2次询问的值。

编写角色"小猫"代码　如图所示，根据前面的分析及设计的算法，编写代码，实现加法计算功能。

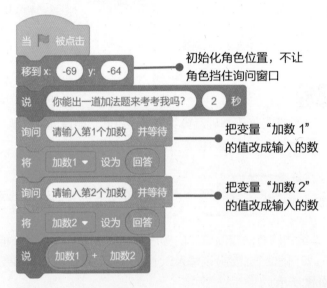

初始化角色位置，不让角色挡住询问窗口

把变量"加数 1"的值改成输入的数

把变量"加数 2"的值改成输入的数

测试程序　运行程序，查看程序运行效果，验证计算机能否准确算出结果。

答疑解惑　在Scratch中，侦测组中询问与回答模块是人机交互的基础入口，"回答"中的结果，只能保留1次，如果有多次询问与回答，那么必须借助"变量"保存结果。

案例 85 超市购物算金额
案例知识： "乘运算"积木

小猫去超市购物，发现只要在收银机里输入商品价格和数量，就可以快速算出需要支付的金额。它觉得这非常有趣，于是模仿收银机原理，编写了一个程序，实现与之类似的功能，只要输入数量，就能快速算出所选物品的总金额，真是太神奇了！

1. 案例分析

本案例要制作一个计算购物金额的程序，需要先让计算机收集商品的数量与价格，再通过乘法计算出需要支付的金额。

想一想

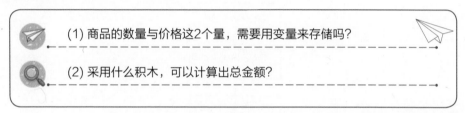

(1) 商品的数量与价格这2个量，需要用变量来存储吗？

(2) 采用什么积木，可以计算出总金额？

理一理　超市中商品的价格需要事先提供，因此用变量存储更加方便；数量是需要用户告诉计算机的，可运用"询问……并等待"积木来获取；总金额可用运算模块中的"乘运算"积木，结合单价与数量算出。为了让信息更加完整，新增"连接……和……"积木，把需要说的话与变量连接在一起。另外，本案例有多个角色，为了预防变量互串，可采用"当角色被点击"积木来控制。

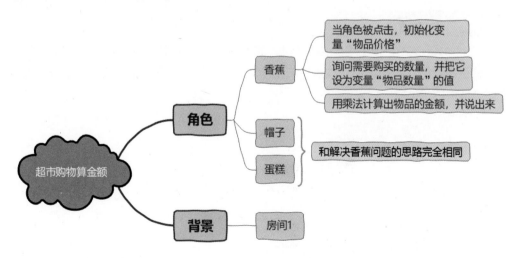

2. 案例准备

选择积木 "乘运算"属于基础运算类积木,主要功能是进行数学"四则运算"中的"乘法运算",也就是算出2个数量相乘的结果。"连接……和……"积木则属于字符运算类积木,可以把2个数字、字符或变量等连接在一起,当内容较多时,可将多个连接积木嵌套使用。

算法设计 本案例是由顺序结构构成的,可按照时间顺序逐一设计。解决问题的思路如下图所示。

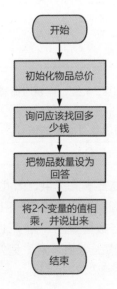

3. 实践应用

添加背景和角色 运行Scratch软件,如下图所示,从背景库中添加房间背景,删除默认的空白背景;添加角色"香蕉""帽子""蛋糕",布置到舞台的合适位置,最后删除默认角色"小猫"。

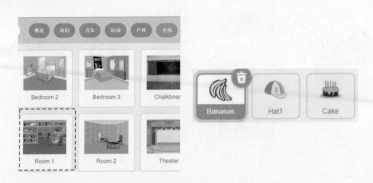

新建变量　新建2个变量："物品价格"和"物品数量"，用于记录商品的价格及输入的物品数量。

编写角色"香蕉"代码　选择角色"香蕉"，如下图所示，根据前面的分析及设计的算法，编写代码，实现乘法计算功能。

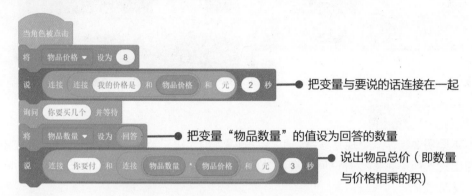

复制代码　将角色"香蕉"的代码，通过拖曳的方法，复制给其他角色，并修改每个角色中变量"物品价格"的值。

测试程序　测试程序，查看程序运行效果。

答疑解惑　本案例中的"物品价格"，如果不用变量表示，直接用数字也可，但为了方便他人阅读代码，以及后期修改的便捷，用变量表示更方便。

案例 86　应该找回多少钱

案例知识："减运算"积木

小猫家要举行一场生日宴会，猫妈妈给了它100元去魔法超市里购买宴会用品。魔法超市是个神奇的地方，不是有钱就可以买到东西，还必须通过计算考验，才能最终取出物品。小猫的考验是：快速算出"应该找回多少钱"。还好小猫是个计算能手，顺利完成了考验，带回了购买的物品。

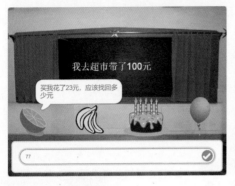

1. 案例分析

本案例要制作一个找零程序，小猫带的是100元钱，当点击一个物品后，魔法物品会弹出购买所需金额，并询问"应该找回多少元"，输入答案后，系统能自动判断对错，反馈结果。

想一想

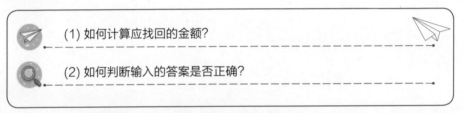

(1) 如何计算应找回的金额？

(2) 如何判断输入的答案是否正确？

理一理 本案例的重点在于判断"回答"结果的对错。运用Scratch判断回答是否正确，可先用"乘运算"积木计算出结果，再用条件判断语句，与输入的答案对比判断，如果2个值相等即为正确，否则为错误。

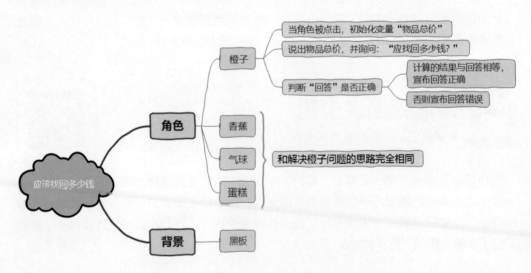

2. 案例准备

选择积木　"减运算"属于基础运算类积木，主要功能是进行数学"四则运算"中的"减法运算"，也就是计算出第1个数量减去第2个数量的结果。该积木不仅可以对数字进行计算，还可以对变量进行计算。

相减的 2 个量

减运算积木

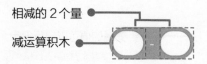

算法设计　本案例的核心结构是分支结构，核心作用是指挥程序，运用"减运算"积木算出的结果，与回答中的数据进行对比判断。输出有2个，一个用于正确结果的宣布，另一个用于错误结果的宣布。其算法分析及对应积木如下图所示。

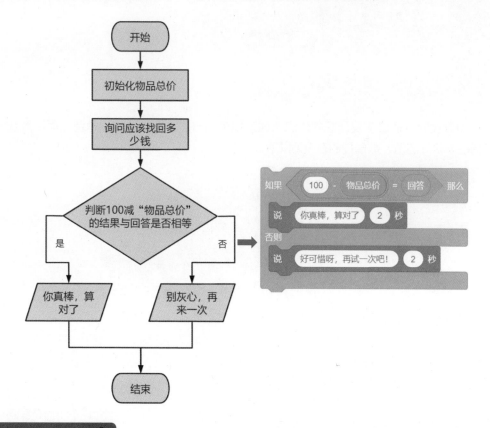

3. 实践应用

添加背景和角色　运行Scratch软件，添加黑板背景，并在背景中输入文字"我去超市带了100元"，最后删除默认的空白背景；添加4个角色："橙子""香蕉""气球""蛋糕"，删除默认角色小猫。

新建变量　新建变量"物品总价"，用于存储商品的价格，并方便后续修改。

编写代码　任意选择一个角色，根据前面的分析及设计的算法，如图所示，编写代码，判断输入结果是否正确。

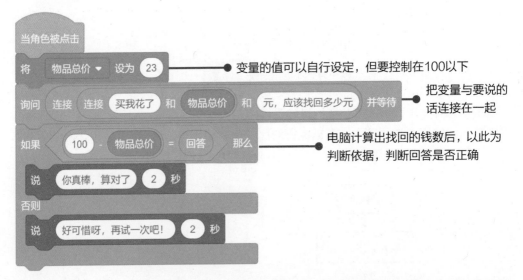

复制代码　把之前设计好的代码，通过拖曳的方法，复制给其他角色，再修改变量"物品总价"的值，数值控制在100以下。

测试程序　测试程序，查看程序运行效果。

答疑解惑　在Scratch中，如果计算减法时，被减数小于减数，就会出现"负数"。负数用负号(相当于减号)和一个正数标记，如-2，表示比0还要小2的意思。

案例
87　帮助青蛙跳过河
案例知识："除运算"积木

有一天，小猫和好朋友小青蛙一起来河边玩，河边有一些大石头，河面上有很多大荷叶。小青蛙自信地夸自己是个跳远高手，可以从河边的石头开始，沿着荷叶，一路跳到对岸，都不会掉到河里。小猫想了想，给它出了个难题："我知道你的跳远能力强，但是头脑灵活和身体强壮同样重要，我们做个游戏吧，我出几道除法题考考你，答对一题，跳一次，如果能快速跳过河，那才是真厉害！"这下可把小青蛙难住了，跳远它可是个高手，但是做除法题它真的不会。聪明的小朋友，你能帮助小青蛙吗？你做题，它跳远，你们合作过河。

1. 案例分析

本案例包含多个角色。其中，小猫和青蛙这2个角色要与用户有联动，小猫出题，用户答题，答对一次，青蛙跳一次，从石头开始，沿着荷叶跳，直至跳过河。

想一想

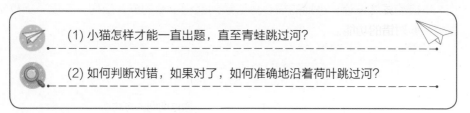

(1) 小猫怎样才能一直出题，直至青蛙跳过河？

(2) 如何判断对错，如果对了，如何准确地沿着荷叶跳过河？

理一理　本案例有以下几个难点：

(1) 如何出题？小猫需要不断地出题，如果提前设计好所有题型，工作量较大，因此可采用随机出题的方式。另外，为了降低难度，保证答案不出现小数，被除数用除数与随机整数相乘生成。等青蛙跳过河后，用"停止全部代码"停止出题。

(2) 怎么判断对错？利用条件判断语句，如果计算机算出的结果和回答一样，就宣布回答正确。

(3) 小青蛙怎么准确地跳过河？当青蛙接收到"回答正确"的广播后，会沿着河中的荷叶依次跳跃，直至跳过河后，停止全部代码。

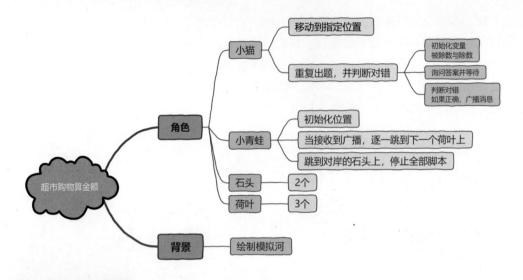

2. 案例准备

选择积木 "除运算"属于基础运算类积木,主要功能是进行数学"四则运算"中的"除法运算",也就是计算出第1个数量除以第2个数量的结果。

相除的2个量

除运算积木

算法设计 本案例是基本运算中的最后一个案例,难度相对较大。为了方便理解,我们可以把小猫与小青蛙的算法分开设计。

(1) 小猫的算法设计:小猫的核心算法是判断和重复的嵌套结构,实现小猫重复出题,重复判断对错的功能。

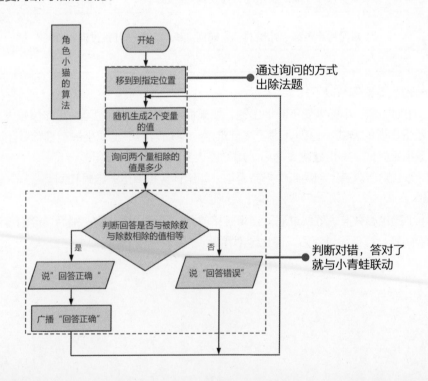

(2) 小青蛙的算法设计：小青蛙的核心算法是多个分支嵌套，实现对多个条件进行判断的功能。这项功能还可以运用在很多地方，如可以判断某位同学的成绩属于优秀、良好、及格还是不及格。

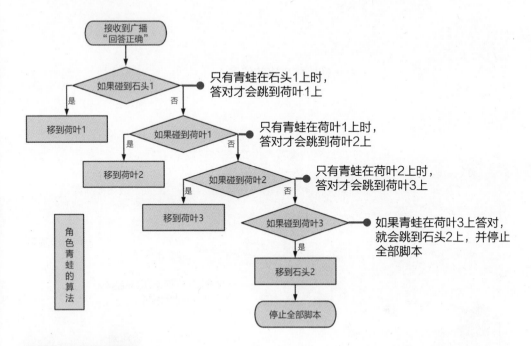

3. 实践应用

绘制背景　运行Scratch软件，在默认背景居中位置绘出蓝色矩形，作为背景中的河流。

绘制角色"荷叶"，添加其他角色　运用"圆形"工具和"线条"工具绘制角色，并命名为"荷叶1"，再复制2个荷叶；接着添加角色青蛙及2个石头，并把它们布置在合适的位置。

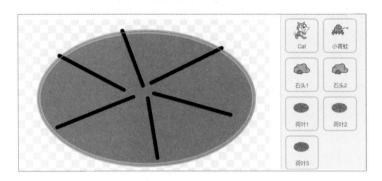

新建变量　新建变量"被除数"与"除数"。

编写角色"小猫"代码　根据前面的分析及设计的算法，如图所示，编写代码，实现出题与判断对错的功能。

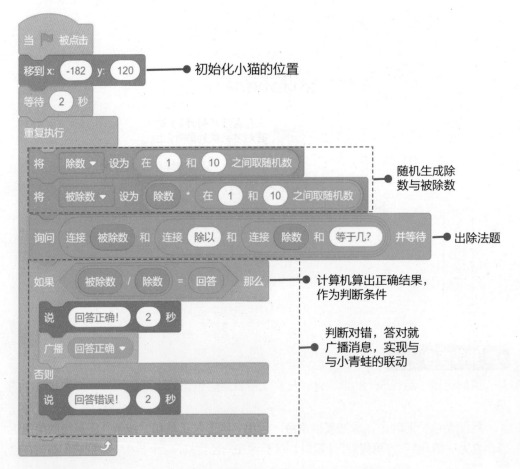

编写角色"小青蛙"代码　按前面的分析，为角色小青蛙编写代码，如图所示，实现正确后跳跃的功能。

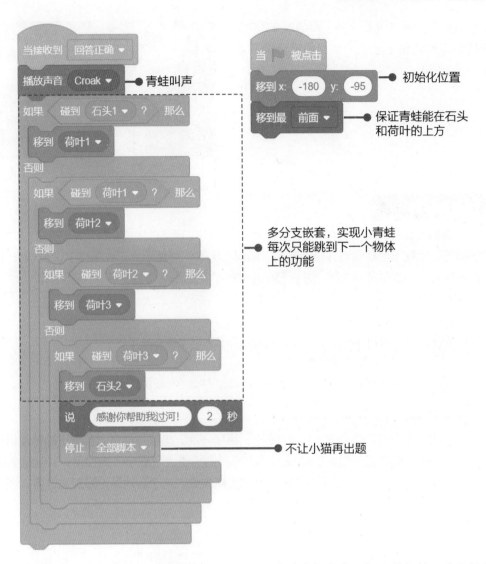

测试程序 测试程序，查看程序运行效果。此游戏每次出题都是随机的，有兴趣的同学可多次尝试。

案例 88 三次猜中就胜利

案例知识："大于""小于""等于"积木

小猫常和小伙伴们玩数学游戏，可时间一长，小猫觉得没什么挑战意义了，于是它想提高游戏难度。经过一段时间的研究，小猫制作了一个电脑猜数字游戏，规则是电脑自动在1~10中随机选一个数，让小动物们猜这个数字，并把猜测的答案输入电脑，由电脑判断输入的答案是否正确，但必须在3次以内猜中才算胜利，很多小动物都被这个游戏难倒了，你想挑战这个游戏吗？

1. 案例分析

本案例是让计算机在1～10中随机选中一个数字，再与"你的回答"循环对比3次，如果相等，就宣布游戏胜利并结束游戏，如果不相等，则提示大了或是小了。3次对比结束还没猜中，则宣布游戏失败，并在显示正确的结果后结束游戏。

想一想

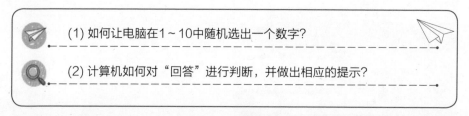

(1) 如何让电脑在1～10中随机选出一个数字？

(2) 计算机如何对"回答"进行判断，并做出相应的提示？

理一理　本游戏的核心在于只能猜3次，每猜一次，电脑都会将回答与正确答案相比较，如果猜中，宣布游戏胜利并结束游戏，猜错则给予大了或小了的提示，并让回答者继续猜，3次都未猜中，则结束游戏，并宣布游戏失败。这个游戏无论是对设计者，还是参与游戏的人，都有很高的逻辑思维能力要求。

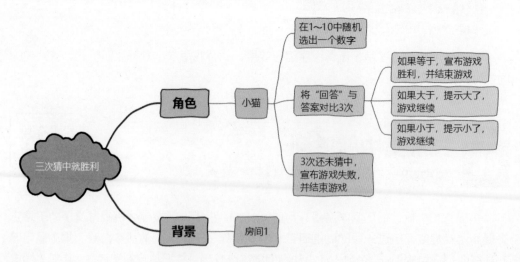

2. 案例准备

选择积木 "大于""小于""等于"属于关系运算类积木。它不仅可以对比"数字""变量"之间的关系，还可以对比角的大小、音量的大小、坐标的大小等。这3个积木在完成对比后，都会根据第1个数量是否大于、小于或等于第2个数量，返回一个为真或假的布尔值。

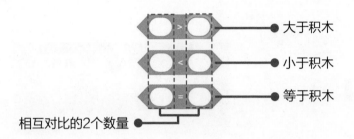

相互对比的2个数量 ● ── 大于积木 小于积木 等于积木

算法设计 本案例的关键算法结构，是通过有限次数的循环和分支判断组成"有限循环与分支的嵌套"结构。解决问题的思路及嵌套结构示例如图所示。

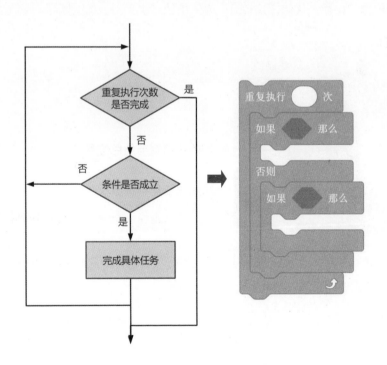

3. 实践应用

添加背景　运行Scratch软件，从背景库中添加舞台背景，重命名为"游戏开始"；再将其复制2次，如图所示，分别在背景中添加文字"游戏胜利"和"游戏失败"，再分别重命名为"游戏胜利"和"游戏失败"，最后删除默认的空白背景。

新建变量　新建变量"猜数次数"和"数字"，分别用于记录猜测数字的次数及随机生成的数字。

编写角色"小猫"代码(初始化)　选择角色"小猫"，如图所示，编写角色初始化代码。

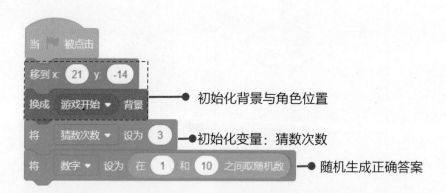

编写角色"小猫"代码(主程序)　如图所示，根据前面的分析与算法设计，编写角色核心代码，实现判断输入结果是否正确的功能。

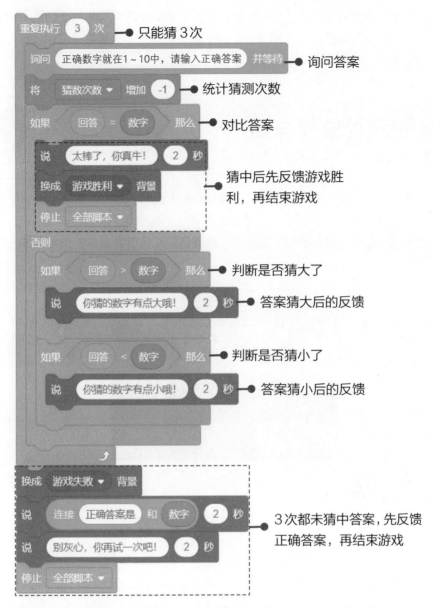

重复执行 3 次　●━━ 只能猜 3 次

询问 正确数字就在 1~10 中，请输入正确答案 并等待　●━━ 询问答案

将 猜数次数 ▾ 增加 -1　●━━ 统计猜测次数

如果 回答 = 数字 那么　●━━ 对比答案

说 太棒了，你真牛！ 2 秒
换成 游戏胜利 ▾ 背景　●━━ 猜中后先反馈游戏胜
停止 全部脚本 ▾　　　利，再结束游戏

否则

如果 回答 > 数字 那么　●━━ 判断是否猜大了

说 你猜的数字有点大哦！ 2 秒　●━━ 答案猜大后的反馈

如果 回答 < 数字 那么　●━━ 判断是否猜小了

说 你猜的数字有点小哦！ 2 秒　●━━ 答案猜小后的反馈

换成 游戏失败 ▾ 背景
说 连接 正确答案是 和 数字 2 秒　●━━ 3 次都未猜中答案，先反馈
说 别灰心，你再试一次吧！ 2 秒　　　正确答案，再结束游戏
停止 全部脚本 ▾

测试程序　测试程序，如图所示，查看程序运行效果。

答疑解惑　想要在3次之内猜中结果，可以尝试每次猜中间数，比如第一次可以猜5，第2次可以根据反馈的大小，猜3或7。想了解这样猜为什么更容易猜中，可以以"二分法"为关键词，搜索了解原因。

案例 89 快速计算停车费
案例知识："四舍五入"积木

小猫新开了一家智能停车场，为庆祝开业举办大酬宾活动：停车每小时5元，1小时以内免费，超过1小时，按四舍五入，取整后计算。小猫想使用计算机实现智能计费，用户输入停车时间后，计算机自动运用规则，快速告知应该缴费多少。你能帮助它实现这个功能吗？

1. 案例分析

本案例的核心是要先判断出输入的时间是不是大于1小时，然后按照四舍五入的方法计算车费。

想一想

　(1) 怎么区分停车时间不足1小时的与超过1小时的？　

　(2) 如何实现停车时间的四舍五入？

理一理　本案例中的收费标准有2种：一种是不足1小时，免收停车费；另一种是超过1小时，按规则收费。这里只要使用一个条件判断语句"如果……那么……否则……"，就可以实现区分。以四舍五入法计算停车时间，属于高阶的数学运算，Scratch中有专门的积木("四舍五入"积木)可以实现。

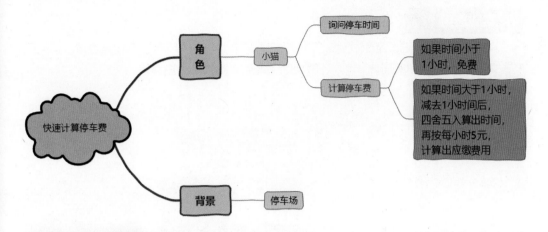

2. 案例准备

选择积木 "四舍五入"属于数学运算类积木，可以将指定的数值，按四舍五入的方式进行取整(即小数点后第1位小于4，直接舍掉；大于等于5，则舍掉小数后，整数部分加1)，以获取最接近该数值的整数。

算法设计 本案例的核心结构是1个双分支结构，用来判断停车时长是否超过1小时。解决问题的思路如下图所示。

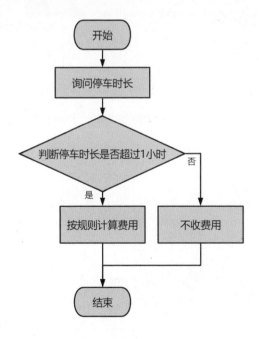

3. 实践应用

绘制背景　运行Scratch软件，添加停车场背景，如下图所示，在适当位置，运用矩形和文字工具，绘制规则牌，输入计费规则，最后删除默认空白背景。

编写"小猫"代码　根据前面的分析及设计的算法，编写代码，如图所示，实现计算停车费用的功能。

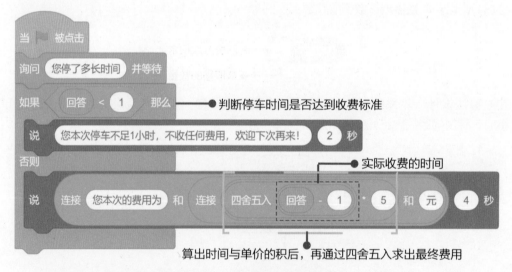

测试程序　测试程序，如图所示，查看程序运行效果。

答疑解惑　在Scratch中，"四舍五入"积木的作用是将数字保留到整数位，但在生活中"四舍五入"法是可以精确到任意数位的。比如：四舍五入到个位就是得数保留整数；四舍五入到十位就是得数保留整十数；四舍五入到百位、千位、万位，则分别保留整百、整千、整万的数；还可以精确到小数位。

案例 90　帮助小猫算鱼桶
案例知识："向上取整"积木

小猫是个勤奋的孩子，为了补贴家用，去养鱼场找了一份卖鱼桶的工作。客人在渔场钓了鱼之后想带走，需要购买桶。小猫在客人选择桶的类型后(大桶可以装3千克，小桶可以装2千克)，快速计算出需要多少个桶，可以恰好保证能够把鱼全部带走。由于小猫的数学很好，每次计算得又快又准，从不浪费桶的容量，得到了客人们的一致赞扬。

客人您好，请先选择你需要的桶!

1. 案例分析

本案例中，把鱼装到桶里这个问题看似简单，但由于客人钓到的鱼不一定恰好用这2种桶装满，所以在计算需要几个桶时，要考虑没有装满的话，如何处理的问题。

想一想

　(1) 如何计算桶的数量？

　(2) 如果计算桶的数量时无法整除，用四舍五入能解决吗？

理一理　计算桶的数量可以用鱼的重量除以桶的容量，但这样计算出的结果，很有可能是小数。一般情况下，我们会用四舍五入来解决小数化整问题，但它并不适合此类问题。举个例子，如果计算出的结果是1.2桶，按四舍五入的方法，结果是1桶，但事实上1桶根本就装不完。因此，只要有小数部分，无论多大，都要向前进一位。Scratch中针对这种情况，一般用"向上取整"积木，实现小数的"尾数进一"功能。

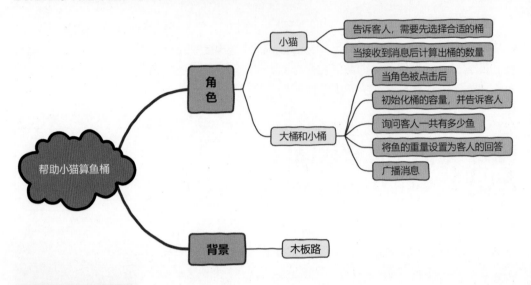

2. 案例准备

选择积木 "向上取整"属于运算类积木，它是将指定的数值的小数部分去掉后再加1，数学中称这种运算方法为"进一法"。Scratch中与之相对应的积木，是"向下取整"，即把指定数值的小数部分直接去掉，数学中称之为"去尾法"。

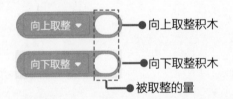

算法设计 本案例的算法结构以顺序结构为主，但几个角色之间有联动。联动的核心算法如下图所示。

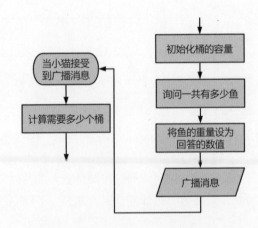

3. 实践应用

添加背景及角色　运行Scratch软件，添加木板路背景，如下图所示，在角色区"食物"类找到角色Takeout，添加并重命名为"大桶"，复制角色，重命名为"小桶"，并把大小设置为70。

编写"大桶"的代码　根据前面的分析及设计的算法，如图所示，编写代码，初始化大桶参数。

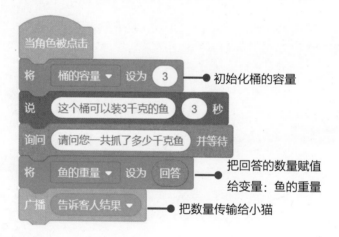

编写"小桶"的代码　把大桶的代码复制给小桶，如图所示，修改部分参数，初始化小桶参数。

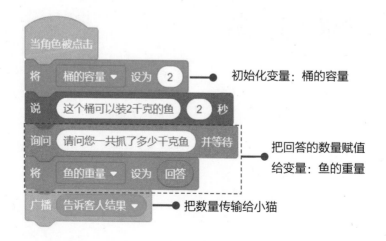

编写"小猫"的代码　根据前面的分析及设计的算法，如图所示，编写代码，实现计算出所需桶数量的功能。

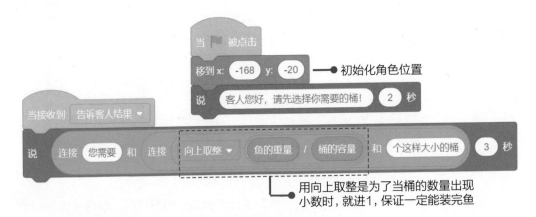

用向上取整是为了当桶的数量出现小数时，就进1，保证一定能装完鱼

测试程序　测试程序，如图所示，查看程序运行效果。

答疑解惑　在Scratch中，"向上取整"积木与"向下取整"积木的功能类似，但应用场景却不相同。"向上取整"应用场景一般是用来"装东西"，"向下取整"一般用于"制作东西"。

案例 91　自动识别奇偶数

案例知识："求余"积木

小猫是森林里公认的数学高手，它可以轻松分辨奇数与偶数，小动物们非常佩服它，也想向它学习关于奇偶数的知识，并进行奇偶数识别练习。于是，小猫制作了一个可以自动识别奇偶数的机器人，帮助小动物们识别奇偶数。

1. 案例分析

本案例的功能很单一，就是能自动识别输入的整数是奇数还是偶数。在数学中，整数可以分成奇数和偶数。能被2整除的数叫作偶数；不能被2整除的数叫作奇数；0属于偶数。

想一想

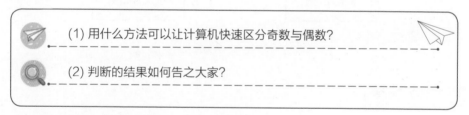

(1) 用什么方法可以让计算机快速区分奇数与偶数？

(2) 判断的结果如何告之大家？

理一理 想让计算机快速区别奇数与偶数，可从余数入手，如果一个数除以2后余数为0，就表示这个数可以被2整除，那它就是偶数，否则就是奇数。判断的结果可以用"说"积木，直接输出。

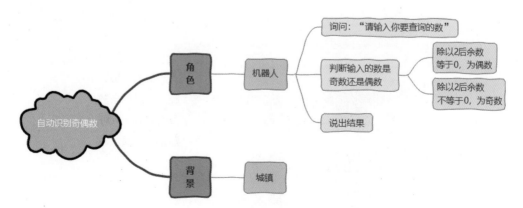

2. 案例准备

选择积木 "求余"属于数学运算类积木，它可以获取第1个数量除以第2个数量后的余数部分，例如5除以2的余数等于1，如果用了求余积木，在第1个框里输入5，第2个框里输入2，求余积木就会输出1。

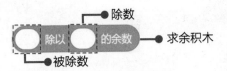

算法设计 本案例算法比较简单，其核心算法是用于判断奇偶数的分支结构语句。解决问题的思路如下。

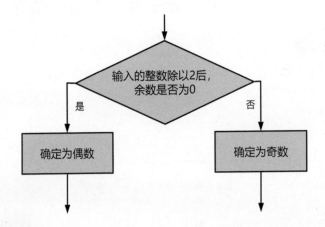

3. 实践应用

添加背景及角色 运行Scratch软件，添加城市背景，添加机器人角色，删除默认角色。

编写角色代码 根据前面的分析及设计的算法，如图所示，编写代码。

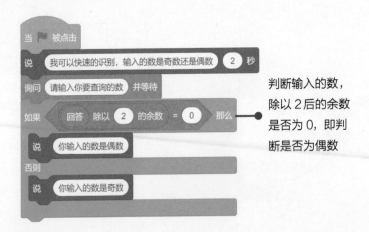

判断输入的数，除以 2 后的余数是否为 0，即判断是否为偶数

测试程序　测试程序，如图所示，查看程序运行效果。

案例 92　居然还有读心术

案例知识："……包含……"积木

森林里来了一位魔法师，自称"读心术大师"，只要大家在心中默念1个数字(1~100)，她可以在7次之内猜中，小动物们都惊呆了，觉得她是一名真正的魔法师。只有小猫觉得这并没有什么了不起，为了揭开"读心术"的秘密，它利用"二分法"编写了一个程序，获得了和魔法师一样的"魔力"。

1. 案例分析

本案例中，想猜中1~100中的某个数，一一枚举的话，最多可能需要100次。想要在7次之内猜中，就需要使用"二分法"，指挥计算机完成计算。

想一想

　　(1) 什么是"二分法"？它真的可以在7次内猜中结果吗？

　　(2) 用"二分法"猜数的具体方法是怎样的？

理一理　　"二分法"简单地说，就是在一组有序的数字里，每次都猜中间那个数，它可以有效减少猜测的次数，7次就可以猜中结果。我们可以例证一下，用100连续除以2，除7次后得到的数是0.78125，已经小于1了。"二分法"的使用方法有2个重点：

(1) 每次都要选择中间数。那是不是每次除以2就可以找到中间数？当然没有那么简单，因为可能会出现小数。怎么解决这个问题呢？可以用一个公式：中间数=向下取整((结束数−起始数)÷2)+起始数。这个公式的作用，就是先把(结束数−起始数)÷2的结果向下取整，以保证结果是整数，最后再加上起始数，就可以得到中间数了。例如，在1~100中，第1次找的中间数一定是(100−1)÷2+1=50。第2次找中间数，如果回答小了(正确数范围就在51~100了)，起始数应是51(中间数+1)，所以中间数应是向下取整(100−51)÷2=24，再加起始数51，第2次应该猜75；如果回答大了，利用公式算出，第2次应该猜25。根据回答，计算机可以实时调整猜数的范围，根据回答，调整"起始数"或"结束数"的大小。如果回答"大了"就把"结束数"设为"中间数−1"，如果回答"小了"就把"起始数"设为"中间数+1"。

(2) 想猜中结果，一定要有反馈。要告诉计算机每次猜的数是大了还是小了，以方便它及时调整猜数的范围。人机交流时，可以用"询问"来提交反馈，但考虑到有时提交的答案并不标准，如猜中时，有人会回答"对了"，有人会说"对的"，甚至有人只说一个字"对"。针对这种情况，在检测回答时，需要用到"……包含……"积木，只要回答中有"对"这个字符，就认为答案是正确的。

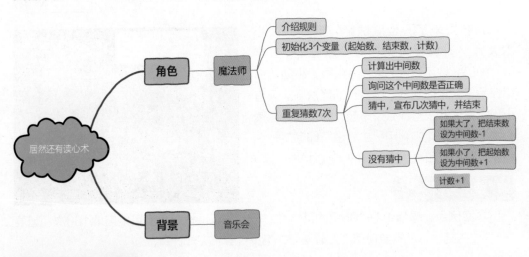

2. 案例准备

选择积木 "……包含……"积木属于字符运算类积木，作用是检测在左侧的字符串中，是否含有右侧的字符，并返回"真"或"假"的结果。需要特别注意的是，这个代码一般与选择结构共同使用，而且包含的字符必须与字符顺序完全一致，才会判断为真。

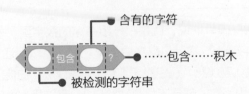

算法设计 本案例核心算法是二分算法，根据前面的分析，设计流程图，如下图所示。

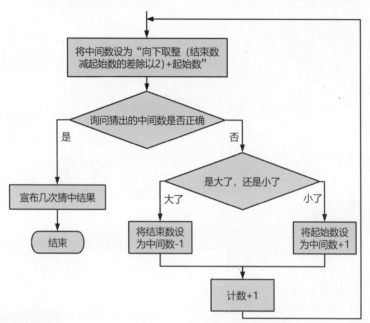

3. 实践应用

添加背景及角色 运行Scratch软件，添加背景Concert，删除默认白色背景；在角色区"奇幻"类找到角色"魔法师"，添加后删除默认角色，并把角色放置在合适位置。

介绍规则，初始化变量 根据前面的分析，如图所示，编写代码。

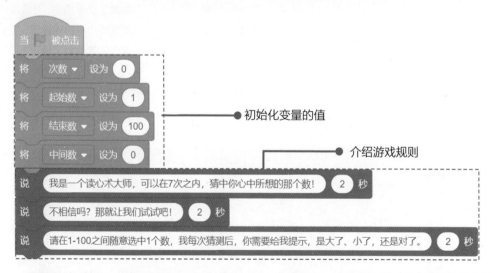

编写核心代码 根据前面对二分法的分析，如图所示，编写代码，实现用猜"中间数"的方法在7次之内猜中结果的功能。

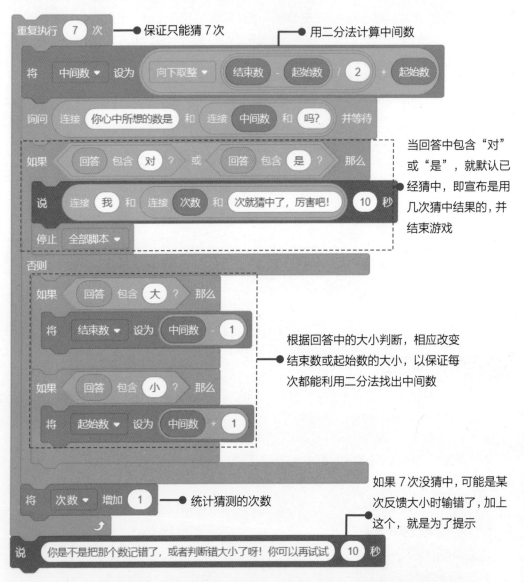

重复执行 7 次 ● 保证只能猜 7 次　　　　　　 ● 用二分法计算中间数

将 中间数 ▼ 设为 向下取整 ▼ 结束数 - 起始数 / 2 + 起始数

询问 连接 你心中所想的数是 和 连接 中间数 和 吗? 并等待

如果 回答 包含 对 ? 或 回答 包含 是 ? 那么

说 连接 我 和 连接 次数 和 次就猜中了, 厉害吧! 10 秒

停止 全部脚本 ▼

当回答中包含"对"或"是", 就默认已经猜中, 即宣布是用几次猜中结果的, 并结束游戏

否则

如果 回答 包含 大 ? 那么

将 结束数 ▼ 设为 中间数 - 1

如果 回答 包含 小 ? 那么

将 起始数 ▼ 设为 中间数 + 1

根据回答中的大小判断, 相应改变结束数或起始数的大小, 以保证每次都能利用二分法找出中间数

将 次数 ▼ 增加 1 ● 统计猜测的次数

如果 7 次没猜中, 可能是某次反馈大小时输错了, 加上这个, 就是为了提示

说 你是不是把那个数记错了, 或者判断错大小了呀! 你可以再试试 10 秒

组合积木, 测试程序　把代码组合在一起, 再测试程序, 查看程序运行效果。

答疑解惑 "二分法"在猜测结果时，有非常大的速度优势，但也有几点需要注意的地方。第一，被猜测的数一定是有序的；第二，每次猜测后，要有反馈；第三，"二分法"的优势是在最不利的情况下，保证可以以最少的次数猜中，并不能保证一定就比"胡乱猜"快，因为如果胡乱猜的人运气足够好，可能第一次就猜中结果。

案例 93 体重指数我会查

案例知识："与运算"积木

小猫是一年级的体质健康检查员，小朋友们经常会询问它自己的体重指数是否符合标准(国家标准中，一般会把体重指数称为BMI值)。小猫特别厉害，只要小朋友们告诉它自己的性别、身高、体重，它就能根据《国家学生体质健康标准》快速算出体重是否符合国家标准。

一年级的小朋友你好，我可以帮你查询，你的体重指数是否正常

1. 案例分析

本案例是根据《国家学生体质健康标准》中关于"一年级体重指数"的相关标准，来判断待测的体重数据属于哪个等级。

想一想

(1) "体重指数"是怎么计算的？一年级小朋友的标准是多少？

(2) 怎样判断待测的体重指数属于哪个等级？

理一理　体重指数的计算公式是：体重指数(BMI)=体重÷(身高×身高)。一年级学生的体重指数分为4个等级，分别为低体重、正常、超重、肥胖。这4个等级还按男、女执行不同的标准，具体数据可以"国家学生体质健康标准"为关键词，自行搜索了解。判断待测的体重属于哪个等级，只需同前几个案例一样，运用分支嵌套即可，体重等级可按国家标准判断，例如一年级男生的正常体重指数为13.5~18.1，判断时只有同时满足性别是男生，体重指数大于13.4并且小于18.2的条件，才达到"正常"标准。

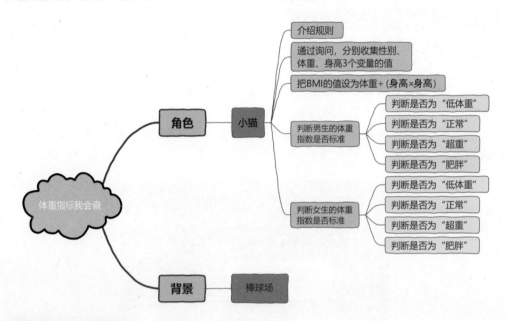

2. 案例准备

选择积木　"与运算"属于逻辑运算类积木，主要功能是进行"与"运算，即用来判断"与"字两边的条件是否成立。"与"可以理解为"并且"的意思，如果两边的条件都成立，运算结果为"真"；只要两边的条件有一条不成立，则运算结果为"假"。

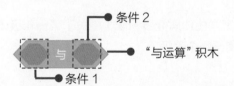

算法设计　本案例核心算法是运用分支嵌套，判断体重指数属于哪一个等级。因男女生在判断时的逻辑关系是一样的，下面以女生为例进行分析。体重标准有4个等级，需要有4个分支语句，为优化嵌套，前3个可用两分支结构，最后一个用单分支结构。核心算法的流程设计及积木示例如下图所示。

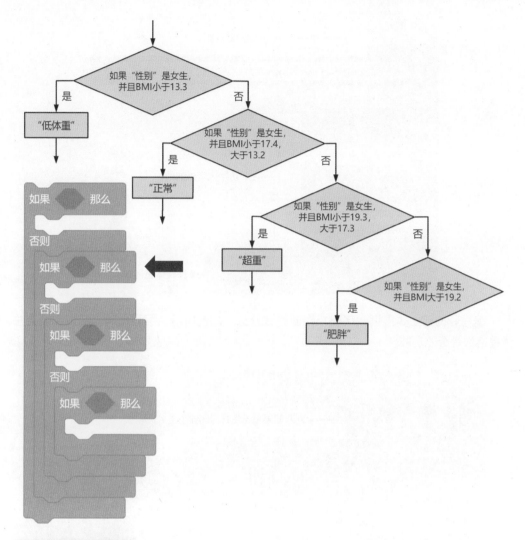

3. 实践应用

添加背景　运行Scratch软件，添加棒球场背景，删除默认白色背景。

介绍规则，初始化变量　根据前面的分析，如图所示，编写代码，初始化各种参数变量。

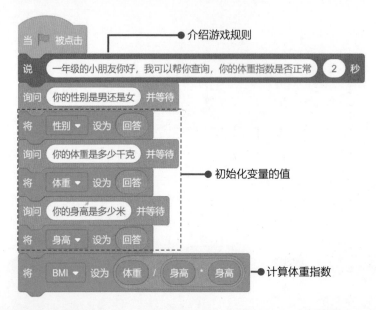

编写查询男生体重指数代码　根据算法分析，如图所示，编写代码，实现判断男生体重指数等级的功能。

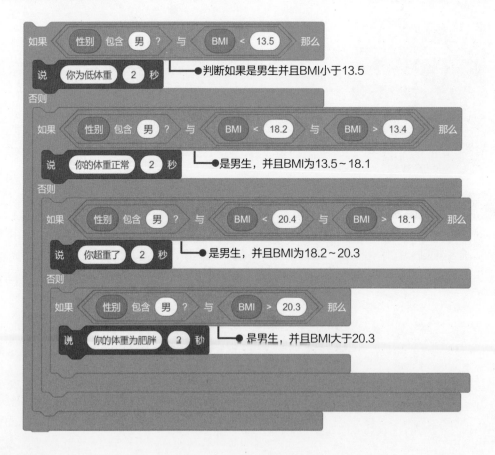

　　编写查询女生体重指数代码　根据算法分析，如图所示，编写代码，实现判断女生体重指数等级的功能。

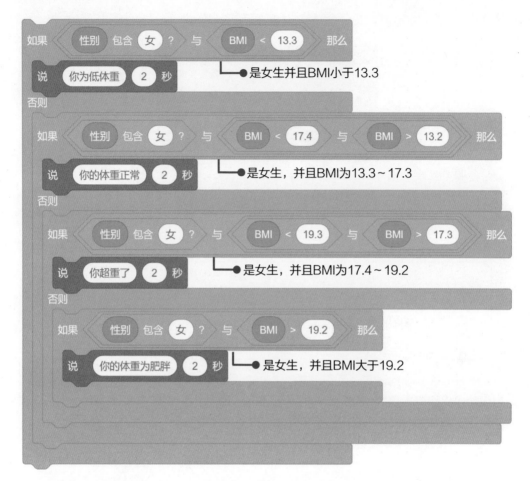

　　组合积木，测试程序　把代码组合在一起，再测试程序，查看程序运行效果。
　　答疑解惑　在Scratch中，"四舍五入"积木只能保留数字的整数位；但在生活中，"四舍五入"法可以精确到任意数位。

案例 94　海底疯狂大逃亡
案例知识："或运算"积木

　　小狗非常喜欢大海，暑期一到，它就迫不及待来到海边。小狗戴上潜水头盔来到深海，但海底并不安全，生活着不少凶猛的深海生物，只要被它们咬到，就会有生命危险。你能帮助小狗躲避这些生物吗？快去试试吧！

1. 案例分析

本案例涉及多个角色，除小狗外其他角色都是在舞台中随机游动。小狗由上下左右键控制移动，但只要碰到任意一个海底生物，游戏就会失败。

想一想

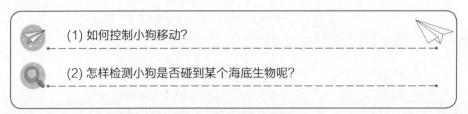

(1) 如何控制小狗移动？

(2) 怎样检测小狗是否碰到某个海底生物呢？

理一理　控制小狗移动，可使用之前学过的"当按下……键"积木，分别设置4个方向的移动代码即可。那如何检测小狗是否碰到某个海底生物呢？本案例中，小狗只要碰到任何一个深海生物，游戏就会结束，因此可以运用"或运算"积木来检测。

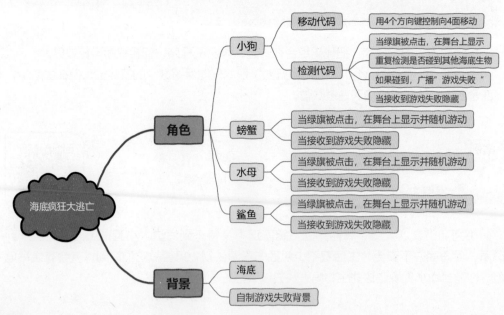

2. 案例准备

选择积木　"或运算"属于逻辑运算类积木，该积木形式上跟"与运算"积木类似，左右两个方框同样代表两个事件，两边只要有一个事件表示"真"，那么"或运算"积木就是"真"，当左右全部都是"假"时，"或运算"才是假。

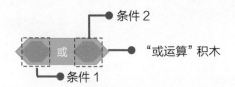

算法设计　本案例里有多个角色，除了"小狗"外，其他角色的算法都很简单，分为两个部分：第1部分是角色在舞台上随机改变方向并重复移动；第2部分是当收到游戏失败的广播后就隐藏起来。角色"小狗"的算法略复杂一点，分为三部分：一是用方向键控制角色移动；二是用来侦测是否碰到其他深海生物，如果碰到就广播"游戏失败"（这里的算法设计有2种处理方式，分别是"用3个分支嵌套使用"以及"用1个分支加'或运算'连接"的方式）；三是接收到"游戏失败"的广播后角色隐藏。另外，本案例中还有一个特别的地方，就是背景上也有代码，根据广播消息，切换不同的背景。

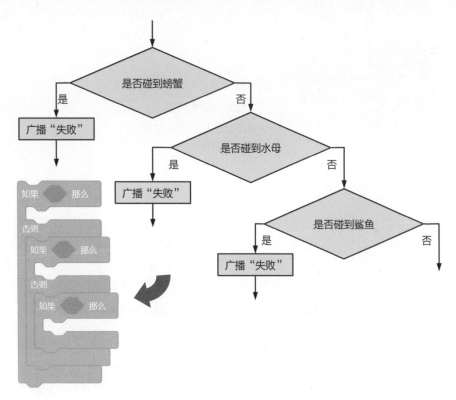

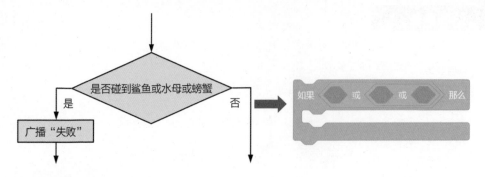

"或运算"积木的用法

3. 实践应用 🧑‍🏫

　　添加背景与角色　运行Scratch软件，在默认白色背景中间，添加文字"游戏失败"，重命名为"背景1"；添加海底背景，重命名为"背景2"。添加角色Dot、Jellyfish、Shark2、Crab，重命名为"小狗""水母""鲨鱼""螃蟹"，删除默认角色"小猫"。

　　编写角色"小狗"的侦测代码　根据前面的分析，编写如图所示代码，实现角色运动及判断游戏是否失败的功能。

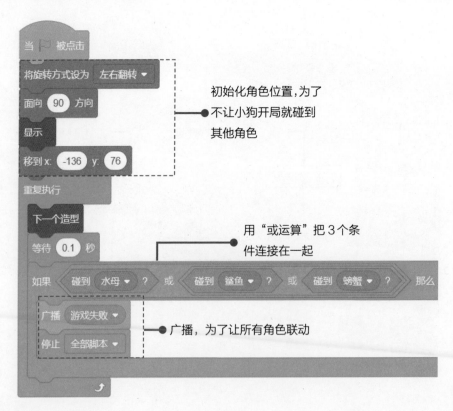

　　完善角色"小狗"的其他代码　编写角色"小狗"移动的控制代码，以及接收到"广播消息"后的动作代码。

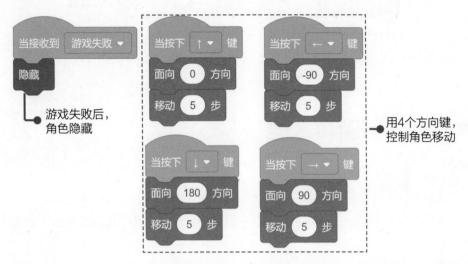

　　编写角色"鲨鱼"代码　编写角色"鲨鱼"的移动代码，以及接收到"广播消息"后的动作代码。

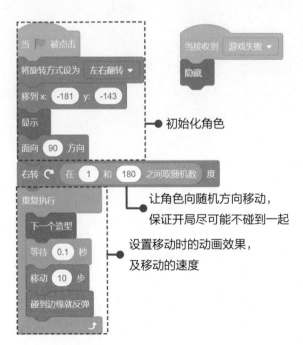

　　编写其他角色代码　将鲨鱼的代码，复制给其他几个角色，实现除小狗外的所有角色都在舞台中随机游动的效果。

　　编写背景代码　如图所示，编写背景的代码，实现切换游戏背景的功能。

测试程序　运行程序，控制小狗躲避深海生物，测试看能坚持多长时间不被抓到。

案例 95 闰年判断真方便

案例知识："……不成立"积木

小猫最近迷上了天文历法，学习了很多关于平年、闰年的知识。小动物们听说后都来询问小猫，只要对方说出年份，小猫立即就能答出这一年是闰年还是平年，大家非常佩服，都称小猫为"历法通"！

1. 案例分析

本案例的主要功能是输入一个年份，计算机就能够判断出它是平年还是闰年。

想一想

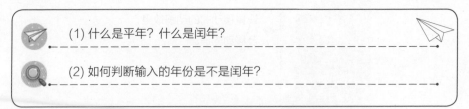

(1) 什么是平年？什么是闰年？

(2) 如何判断输入的年份是不是闰年？

理一理　平年、闰年是历法中的名词。闰年是为了弥补因人为历法规定造成的年度天数与地球实际公转周期的时间差而设立的，补上时间差的年份为闰年，共有366天，没有补上的为平年，共有365天。闰年有2种，分别为：普通闰年，公历年份是4的倍数且不是100的倍数(如2004年、2020年等就是闰年)；世纪闰年，公历年份是整百数的，必须是400的倍数才是闰年(如1900年不是闰年，2000年是闰年)。前面我们学习过"余数判断"，只要某一年是整百数，那么除以400后余数为0即是闰年；或者这个年份不是整百数，除以4后余数为0，也是闰年。

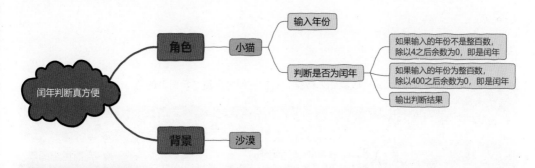

2. 案例准备

选择积木 "……不成立"属于逻辑运算类积木，该积木还被称为"非运算"或"非逻辑"，表示一个事件的对立面。如果事件为真，不成立即为假，反之不成立即为真。

算法设计 本案例的核心算法是"判断是否为闰年"，可以分为2个部分，分别判断普通闰年与世纪闰年。但因为这2种都属于闰年，也可以把它们用"与运算"合并到1个判断式中。解决问题的思路如图所示。

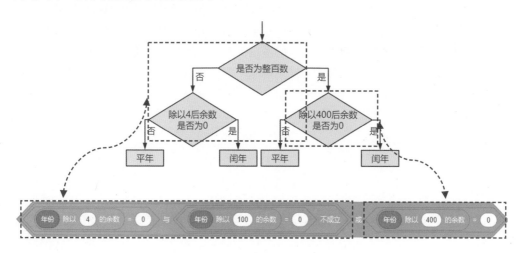

3. 实践应用 🎣

添加背景 运行Scratch软件，添加沙漠背景，并删除默认白色背景。

编写角色"小猫"代码 根据前面的分析，如图所示，编写代码，实现闰年判断功能。

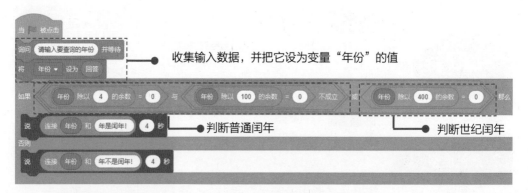

收集输入数据，并把它设为变量"年份"的值

判断普通闰年

判断世纪闰年

测试程序 运行程序，输入一个年份，测试闰年判断是否准确。

答疑解惑 在本案例中，把3个判断语句(是否为整百年、除以4后余数是否为0、除以400后余数是否为0)，用"与"积木、"或"积木和"不成立"积木连接成1个判断语句，这样使用的积木数量相对较少，但逻辑关系较为复杂。如果对本案例理解比较困难，也可将其拆分成3个判断语句，嵌套在一起，这样程序运行的效率要低一些，但理解起来相对容易。

第 9 章

百炼成钢：综合实例

当你在玩游戏的过程中遇到困难时，当你在解答数学题的过程中遇到烦琐的计算而陷入困局时，当你在现实的生活与工作中遇到问题难以解决时，是否想过借助计算机编程来解决问题呢？

本章我们选择了生活中常见的、趣味性较强的案例，利用前面所学的知识，引导大家学习处理综合性问题的方法，体验 Scratch 编程的乐趣。

🎓 **学习内容**

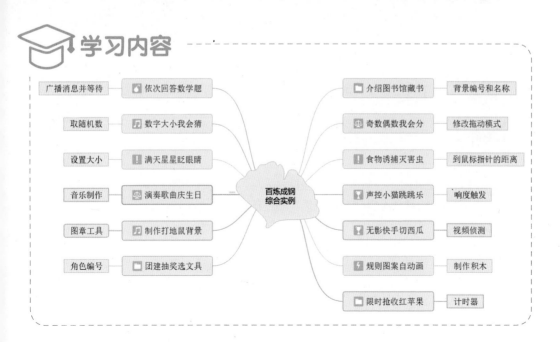

案例
96

依次回答数学题

案例知识：广播消息并等待

数学老师在讲解《有趣的平衡》一课时，需通过课堂提问了解同学们对"平衡"的理解情况，以便针对性地开展教学。老师的第一个问题是："将直尺放在指尖上，要保持平衡，应该怎么放？"学生回答后，老师继续问第二个问题："圆规与直尺放置的方法一样吗？圆规怎么放？"第二个学生回答后，老师进行总结。你能使用Scratch编写代码，再现老师提问、学生回答的过程吗？

1. 案例分析

本案例要求的效果是教师提出一个问题，学生回答，教师继续提问，其他学生继续回答……最后教师对学生的回答情况进行小结。

想一想

 (1) 舞台上有几个角色说话？说话顺序是什么？

 (2) 用什么积木来控制一个人说完，其他人才能发言？

 理一理　在教师提问、学生回答的过程中，要明确教师提出了什么问题，哪个学生回答的，回答的内容是什么？请在分析后完成下图的填写。

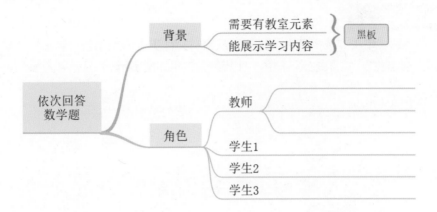

在Scratch中，如何用代码模拟提问与回答的过程，是需要重点考虑的问题。

2. 案例准备

选择积木　打开素材"老师提问.sb3"，分别为角色"老师"与"学生"添加如下代码，体会"广播消息并等待"积木的功能，完成下列横线处的填写，并向同学介绍。

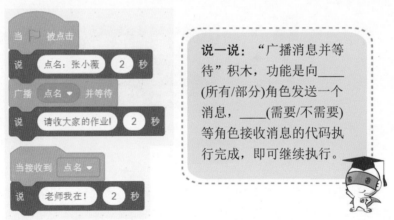

说一说："广播消息并等待"积木，功能是向____(所有/部分)角色发送一个消息，____(需要/不需要)等角色接收消息的代码执行完成，即可继续执行。

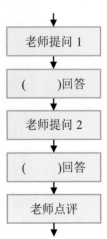

算法设计　本案例要达到的效果是老师提问，学生回答，因此使用的程序结构为顺序结构，解决问题的思路如图所示。请根据前面分析的结果，在括号内填上合适的角色名称。

老师提问 1

（　　）回答

老师提问 2

（　　）回答

老师点评

3. 实践应用

添加角色　单击"选择角色"按钮，从素材文件夹中添加角色"老师""学生1""学生2""学生3"，删除默认角色"小猫"，效果如图所示。

制作背景图片　单击"选择一个背景"按钮，上传黑板图片，按图所示操作，修改黑板图案的大小并移至合适位置，作为背景。

编写角色"老师"代码　选择角色"老师"，编写参考代码，效果如图所示，为老师所说的话。

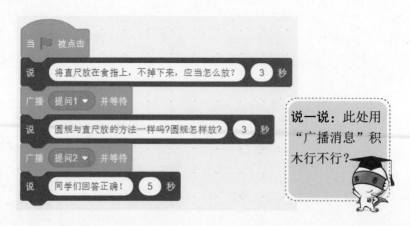

说一说：此处用"广播消息"积木行不行？

编写角色"学生"代码 分别选择角色"学生1"与"学生2"，编写参考代码，效果如图所示，分别是学生1与学生2回答问题的内容。

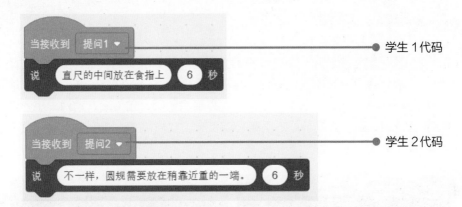

测试程序 运行程序，查看程序运行结果。

对比思考 根据本案例中积木的效果，对比以下2个积木，看看它们的区别，并思考其使用场合，填写在下表中。

积木	功能	使用场合
广播消息	向包含自身在内的所有角色发送一个消息。发送完成后，会立即继续向下执行代码	
广播消息并等待	向包含自身在内的所有角色发送一个消息。发送完成后，会等到所有接收消息的代码执行完成后才继续向下执行	

巩固练习 使用"广播消息并等待"积木编写代码，模拟如图所示的日常英语对话片段。

案例
97

数字大小我会猜

案例知识：取随机数

和计算机玩猜数字的游戏，单击"开始"按钮，计算机随机产生一个要猜的数，并且让小猴子代表计算机与玩家进行对话。当小猴子说"请输入你猜的数"，玩家输入数字，计算机进行判断，如果猜对了，小猴子说"猜对了"，如果没有猜对，小猴子给出"猜大了"或"猜小了"的提示，方便玩家继续猜，如果5次都没有猜对，则小猴子出示要猜的数。

1. 案例分析

本案例用到的背景与角色，可以直接使用背景库与角色库中的素材。为了提高游戏的趣味性，计算机每次给出的数是不一样的。除此之外，请将还要考虑的问题列举出来。

想一想

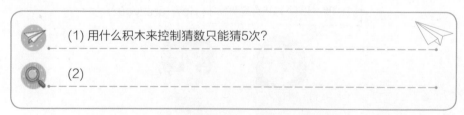

(1) 用什么积木来控制猜数只能猜5次？

(2)

理一理　请通过连线的方式，选择实现控制猜数次数的积木，以及用来判断猜的数字对不对的积木。如果不止一个积木能实现，可比较这些积木之间的差别。

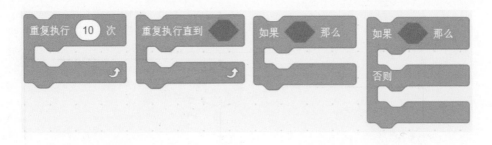

控制猜数的次数　　　　判断猜数的对错

2. 案例准备

产生随机数　选中"运算"标签，将 "在……和……之间取随机数"积木拖到代码区，按图所示操作，单击积木，产生随机数并记录，看看随机数有没有规律。

批次	记录产生的随机数
1	8

选择积木　新建一个文件，分别为角色"小猫"添加如图所示的两段代码，运行后说一说，每个代码有什么功能，并完成方框中的练习。

说一说："在……和……之间取随机数"积木＿＿＿(能/不能)单独使用，必须与某些积木配合使用。随机数的使用，可以增加＿＿＿(确定/不确定)性。

猜数字算法　本游戏共有5次猜数机会，玩家每次输入猜测的数字，系统判断后回复是猜对了，还是大了或小了，因此程序的结构主体是循环结构。解决问题的思路如图所示，请在流程图的方框内填上Y或N。

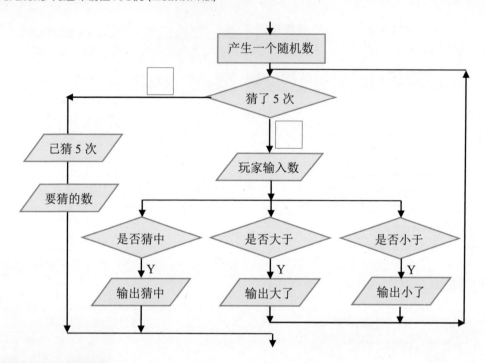

3. 实践应用

添加背景与角色　从背景库中选择黑板背景，在角色库中选择角色并重命名为"小猴子""按钮"，将它们移到合适位置，效果如图所示。

编写角色"按钮"代码　选择角色"按钮"，编写代码如图所示，使得单击按钮时，猜数游戏开始。

编写角色"小猴子"代码　选择角色"小猴子"，编写参考代码如图所示，开展小猴子猜数互动游戏。

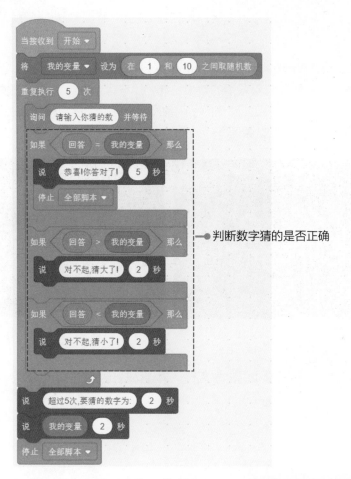

判断数字猜的是否正确

测试程序　运行程序，查看程序能不能实现预设的效果。

修改程序　将上图中的"判断数字猜的是否正确"代码修改成右图所示效果，思考还能实现原来的判断功能吗？说一说为什么。

答疑解惑　在Scratch中，随机数是在一个范围内的数字中随便选择一个数字。例如，0～9共有10个数字，分别是0、1、2、3、4、5、6、7、8、9，而10、11不是。在案例中使用随机数，可增加随机性，防止重复。

案例
98

满天星星眨眼睛

案例知识：设置大小

音乐课上，老师在教同学们唱儿歌"一闪一闪亮晶晶，满天都是小星星……"为了让同学们能看到满天繁星眨着眼睛的效果，老师想在黑色图片上画出很多星星，这些星星大小不一、远近不同，并且能够一闪一闪地眨着眼睛。你能利用Scratch软件，帮助老师编写代码模拟夜晚星空的效果吗？

1. 案例分析

本案例要模拟晴朗夜空中的群星闪耀，重点体现星星的多，以及大小不一，并且有闪烁的效果。

想一想

> (1) 如何实现星星眨眼睛的效果？
>
> (2) 如何让星星的效果不一样？

理一理　使用动画制作软件，利用两张图片，连续播放可以实现小女孩眨眼睛的效果。在Scratch中，如何实现星星眨眼的效果？

> 说一说：在Scratch中制作星星眨眼睛的效果，也可以通过选用( )张图片，并设置每张图片的( )时间，再依次播放即可。

2. 案例准备

选择积木　选择角色"小猫"，分别用以下两种方法修改角色的大小，查看效果，并说一说各种方法的使用场合。

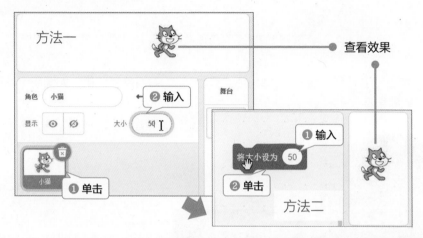

算法设计　本案例要实现的效果是夜空中的星星连续眨眼睛，因此程序结构的主体是循环。解决问题的思路如图所示，请在图中括号内填上合适的参数，以达到设计的效果。

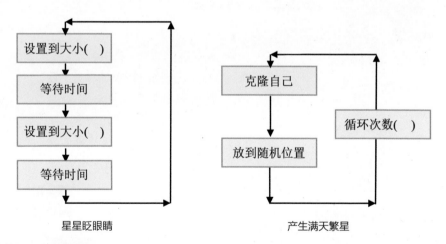

星星眨眼睛　　　　　　　　　　　产生满天繁星

3. 实践应用

添加背景与角色　单击"选择背景"与"选择颜色"按钮，从素材文件夹中添加星空背景，添加角色"星星1""星星2"，并修改相应的角色名称，删除默认角色"小猫"，效果如图所示。

星空背景

角色

编写角色"星星1"代码　选择角色"星星1"，编写参考代码，如图所示，克隆20个大小不同的星星。

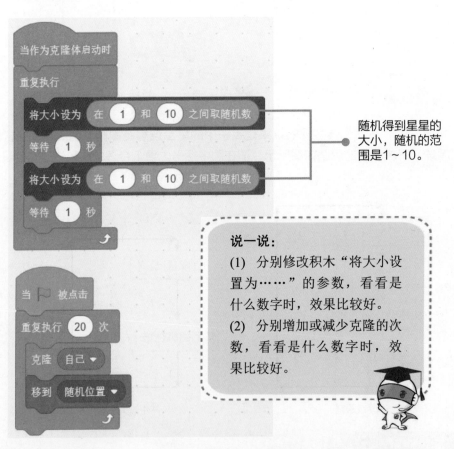

随机得到星星的大小，随机的范围是1~10。

说一说：
(1) 分别修改积木"将大小设置为……"的参数，看看是什么数字时，效果比较好。
(2) 分别增加或减少克隆的次数，看看是什么数字时，效果比较好。

编写角色"星星2"代码　根据以上的方法，编写角色"星星2"的代码，看一看有没有制作出满天繁星闪烁的效果。与同学交流，将好的做法记录在下面的横线上。

案例 99　演奏歌曲庆生日

案例知识： 音乐制作

　　今天小熊过生日，朋友们都聚在小熊家里，用气球装饰聚会场地。大家吃着生日蛋糕，还表演了节目，小兔坐在钢琴前，根据指定的曲谱，弹奏了一首"祝你生日快乐"。你能在Scratch中选择乐器，根据指定的曲谱演奏相应的曲子吗？下面就用程序来模拟钢琴演奏吧！

1. 案例分析

　　本案例中，最重要的是能根据曲谱弹奏钢琴曲，因此要考虑怎样选择乐器，以及如何利用钢琴弹奏曲谱。除此之外，请将需要考虑的问题列举出来。

想一想

(1) 如何让计算机认识曲谱?

(2)

理一理　本案例中有哪些小伙伴，这些小伙伴中哪些需要有动作？请分析背景与角色需要的素材，填写在下图中。

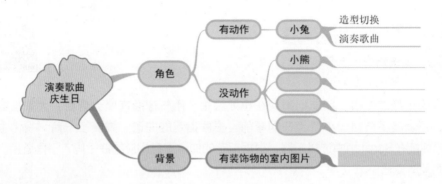

2. 案例准备

选择积木　单击"添加拓展"按钮，选择"音乐"选项，积木区会出现与音乐相关的各种积木，按图所示操作，体会积木的使用方法，并在"演奏音符……"积木上，模拟钢琴进行弹奏。

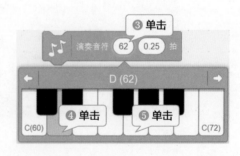

乐理知识 在Scratch中，可以将简谱数字化，用数字来表示，具体情况如表所示。

简谱	$\underset{\cdot}{1}$	$\underset{\cdot}{2}$	$\underset{\cdot}{3}$	$\underset{\cdot}{4}$	$\underset{\cdot}{5}$	$\underset{\cdot}{6}$	$\underset{\cdot}{7}$
Scratch值	48	50	52	53	55	57	59
简谱	1	2	3	4	5	6	7
Scratch值	60	62	64	65	67	69	71
简谱	$\overset{\cdot}{1}$	$\overset{\cdot}{2}$	$\overset{\cdot}{3}$	$\overset{\cdot}{4}$	$\overset{\cdot}{5}$	$\overset{\cdot}{6}$	$\overset{\cdot}{7}$
Scratch值	72	74	76	77	79	81	83

数字化曲谱 将相关积木拖到代码区，修改参数，如图所示，可以实现曲谱的数字化。

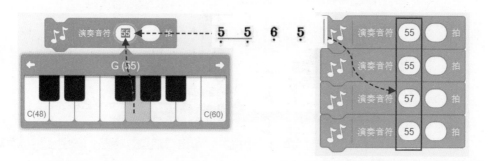

认识节拍 在简谱上能看到四分之三、四分之四的字样，表示以四分音符为一拍，一小节有几拍。在一小节中，音符可以是1拍、1.5拍或者0.5拍，使用演奏音符积木，可以设置演奏的节拍数，如图所示。

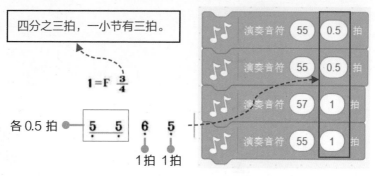

梳理思路 本案例要达到的效果是角色"小兔子"弹钢琴演奏歌曲《祝你生日快乐》，需要选择乐器、设置演奏速度、依次演奏音符，因此程序使用的是顺序结构，大致流程如图所示。

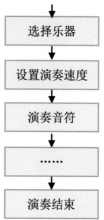

3. 实践应用 🔧

　　添加背景与角色 单击"选择背景"按钮，在背景库中选择Party背景，并进行适当修改，分别从素材文件夹中添加角色"小兔""小熊""小猴""浣熊""蛋糕"，删除默认角色"小猫"，效果如图所示。

　　编辑角色"小兔"造型 选择角色"小兔"，单击"造型"标签，分别上传小兔其他3个造型，效果如图所示。

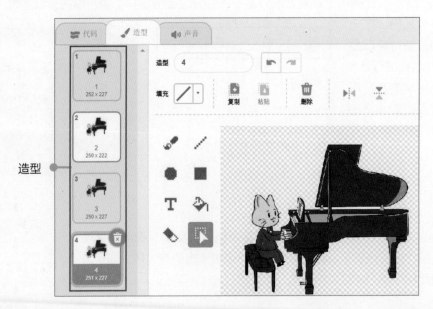

　　编写角色"小兔"切换造型代码 选择角色"小兔"，编写参考代码如图所示，产生小兔子正在演奏钢琴曲的效果。

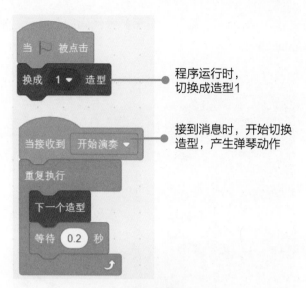

程序运行时，
切换成造型1

接到消息时，开始切换
造型，产生弹琴动作

选择乐器 因为小兔演奏的是钢琴，在演奏前需要选择相应的乐器，编写代码如图所示。在选择乐器的同时，设置音量和演奏速度。

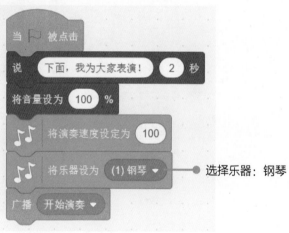

选择乐器：钢琴

熟悉曲谱 查看曲谱，如图所示，用笔在音符的上面标出音符的Scratch编码；下面标记出拍子数。

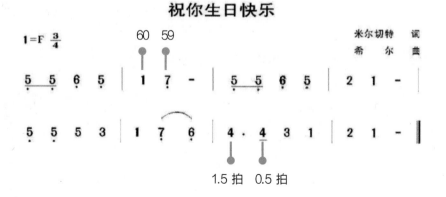

编写演奏代码　选中角色"小兔"，编写参考代码如图所示，能实现用钢琴演奏《祝你生日快乐》歌曲的效果。

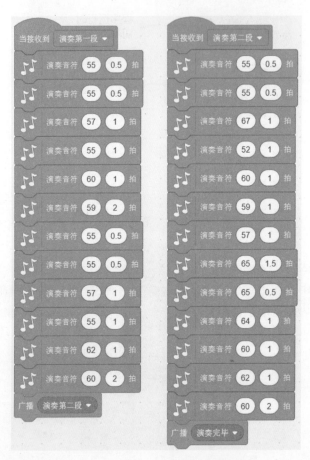

测试程序　运行程序，看小兔能不能用钢琴正常演奏《祝你生日快乐》。

创新应用　用提供的素材，编写程序，让小伙伴用鼓演奏《祝你生日快乐》为小熊庆祝生日。

案例 100　制作打地鼠背景

案例知识：图章工具

打地鼠游戏的背景图上，要求有若干个地鼠洞口，在无法通过搜索获得满意图片的情况下，用户可自己绘制，或是对已有图片进行编辑。在通过绘制或编辑得到的背景图片中，洞口的位置一般是固定的，为了提升游戏的难度和趣味性，我们可以在给定的图片上，复制指定数量的地鼠洞口图案，并随机摆放到图片的相应位置。下面让我们一起来运用Scratch编写代码，实现这个动画效果吧！

1. 案例分析

在Scratch中动态生成4个洞口，可以考虑复制洞口，再放到随机产生的位置。在已有图片上，通过编写代码的方式，复制洞口图案，放在随机的位置，组合得到游戏背景图。

想一想

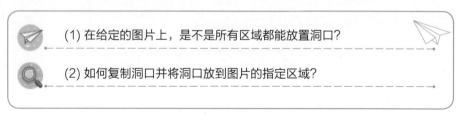

(1) 在给定的图片上，是不是所有区域都能放置洞口？

(2) 如何复制洞口并将洞口放到图片的指定区域？

理一理　本案例中用到的背景为有地鼠洞的图片，思考需准备的素材，完成图中空白处的填写。

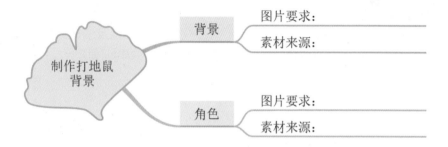

2. 案例准备

选择积木　在Scratch中，选择角色"小猫"，为小猫角色编写如图所示代码，运行程序，体验"图章"积木的效果，并记录下来。

说一说：在实践的基础上，与同学讨论，总结图章积木与克隆积木的异同。

确定范围　根据前面分析的情况，指出地鼠洞口能够安置的范围坐标，填写在下图中。

上:　　　　　　　　　　　左:

地鼠洞位置

下:　　　　　　　　　　　右:

算法设计　本案例需复制4个"洞口"图案，并放置在随机的位置上。解决问题的方法描述如下，请根据题意，在空白处填上合适的内容。

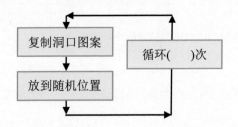

复制洞口图案

放到随机位置

循环(　　)次

3. 实践应用

添加背景与角色　删除默认角色"小猫"，分别从背景库以及素材文件夹中，添加背景与角色"地鼠洞"，并将角色"地鼠洞"设置为隐藏，效果如图所示。

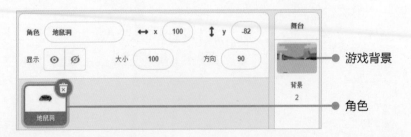

角色　地鼠洞　　↔ x 100　　↕ y -82

显示 ◉ ⊘　　大小 100　　方向 90

舞台

游戏背景

背景 2

角色

编写角色"地鼠洞"代码　选择角色"地鼠洞"，编写相应代码，参考代码如图所示。复制4个地鼠洞，并且放在不同的位置。

比一比：填写完相应代码，测试程序，删除"全部擦除"积木，看看效果如何，能不能删除？

测试程序　连续运行2次程序，大概记录每次随机得到的鼠洞位置的坐标，检测每次动态产生的游戏背景图片是否符合设计时的要求。

测试次数	第1个洞口	第2个洞口	第3个洞口	第4个洞口
第1次				
第2次				

修改程序　将原先的文件另存一份，修改为如下所示的代码，运行程序查看效果，与原先程序进行比对，说一说2个程序各自的特点。

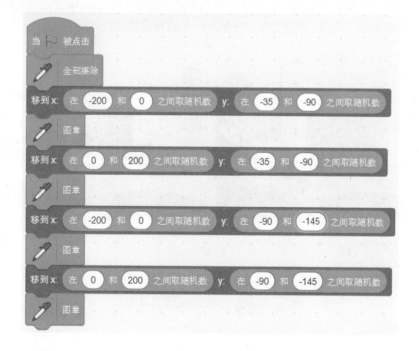

巩固练习　观看如图所示的图案，想一想能不能编写代码，使用图章积木制作出来？请尝试后与同学交流。

答疑解惑　Scratch画笔里的"图章"积木，可将角色作为印章，印在舞台上。印出来的图像既不包含代码，也不能移动，不受角色本体外观变化影响。克隆是指复制的一个没有代码的角色，如果想要克隆体运行，就需要用到"当作为克隆体启动时"积木。克隆角色时，要注意不同时刻克隆出来的是不同状态的克隆体。

案例 101　团建抽奖选文具

案例知识：角色编号

班级团建，班委会准备了丰富多彩的活动，同学们自由组团参加各项目的比赛。为了增加趣味性，班主任用抽奖游戏给获胜的同学发放奖品，获胜队的队长抽奖。当单击"滚动"按钮，方框中的文具开始滚动显示，单击"抽奖"按钮，停止滚动，此时方框中的文具即为抽中的奖品。你能为班主任编写一个这样的抽奖程序吗？

1. 案例分析

本案例要制作一个抽奖游戏小程序，根据游戏效果可知，舞台上需要有合适的背景，以及"滚动""抽奖"按钮，以及显示供抽奖的文具等。

想一想

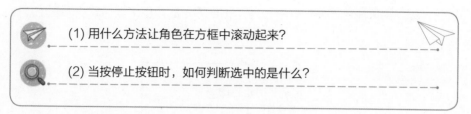

(1) 用什么方法让角色在方框中滚动起来？

(2) 当按停止按钮时，如何判断选中的是什么？

理一理　本案例需要一个喜庆的背景图片，与若干个角色图片，如各类文具图片、可供单击的按钮图片等。请根据游戏效果，将需准备的素材名称填写在下图中，考虑能准备的奖品，文具的造型可根据情况增减。

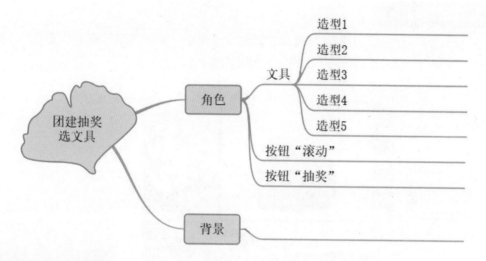

2. 案例准备

了解角色编号　在Scratch中，可以对角色造型进行编号，按图所示操作，返回数字1，表示当前选中的是角色的造型1。

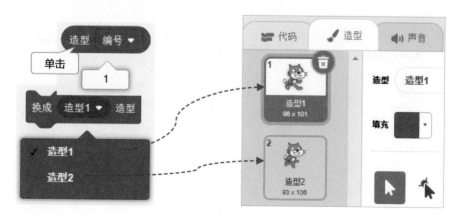

　　算法设计　本案例要达到的效果是，按下"滚动"按钮，文具滚动显示；按下"抽奖"按钮，记录当前角色的编号，并且显示相应编号的角色造型。解决问题的思路如图所示。

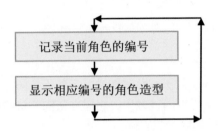

3. 实践应用

　　添加背景与角色　分别从背景库和素材文件夹中，添加背景与角色"滚动""抽奖""文具"，删除默认角色"小猫"，效果如图所示。

　　对角色造型编号　选择角色"文具"，选择"造型"标签，添加各种奖品图片并编号，效果如图所示。

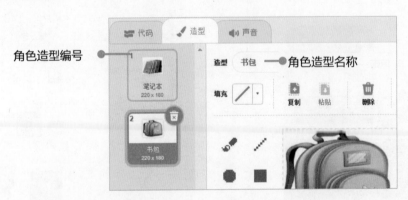

编写角色"按钮"代码　分别选择角色"滚动""抽奖"，编写参考代码，如图所示，分别发送角色"文具"造型的滚动与停止的消息。

编写角色"文具"代码　选择角色"文具"，编写参考代码，如图所示，接到消息，显示抽中的奖品。

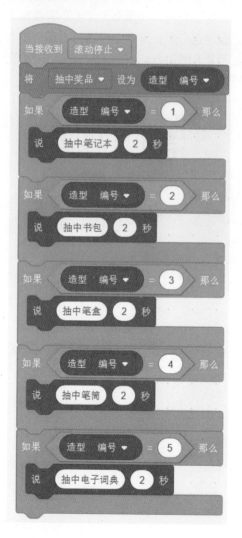

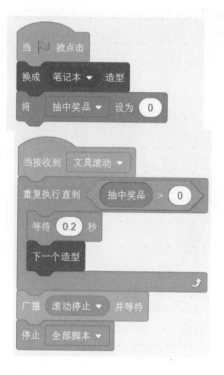

思考：除了使用"说……"积木，提示玩家抽中了什么奖品，还可以使用什么积木？

测试程序　运行程序，查看程序运行结果。

答疑解惑　在Scratch中，角色有时会有多个造型，这些造型有名称或编号，在编写代码时，可以通过编号/名称指令获取和使用具体某一个造型。

案例 102	介绍图书馆藏书	
	案例知识：背景编号和名称	

方舟小学图书馆新购入了一批图书，老师在这批图书中选择了6本，让小明同学在每天中午图书阅读时间向各个班级的同学介绍。为了避免每天重复工作，小明编写了介绍新书的小程序，让小猴子代替他完成任务。程序运行时，屏幕上会随机出现一本书，其中左边是书的文字简介，右侧显示书的封面图片，同时有相应的语音介绍。一本又一本，一遍又一遍，小猴子一点也不觉得累，认真完成了老师布置的任务。

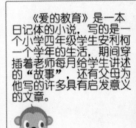

1. 案例分析

本案例中，为了让图书的介绍不枯燥，采用了随机的方法抽取、呈现图书内容。为了使介绍更生动形象，使用了文字、图片、声音等多种媒体。根据描述可知，本程序中最重要的是实现图书随机介绍。

想一想

(1) 依次介绍图书可以用角色来实现吗？

(2) 依次用什么积木来实现？

理一理　本案例中用到的背景与角色，请在图中空白处填上合适的内容。

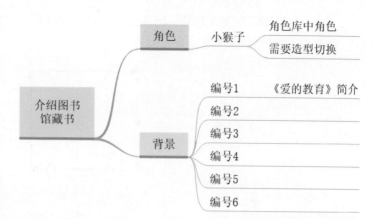

2. 案例准备

准备材料　要为同学们介绍图书，首先自己要清楚每本图书的简介，以及图书的图片，对内容有大致的了解。利用搜索引擎到网上查找相关资源，并保存到自己的电脑中。

序号	书名	图书介绍	图书图片
1	爱的教育	《爱的教育》是一本日记体的小说，写的是一个小学四年级学生安利柯一个学年的生活，期间穿插着老师每个月给学生讲述的"故事"，还有父母为他写的许多具有启发意义的文章	爱的教育.png
2			
3			
4			
5			
6			

了解背景编号与名称　对背景进行编号，编号的结果如图所示。

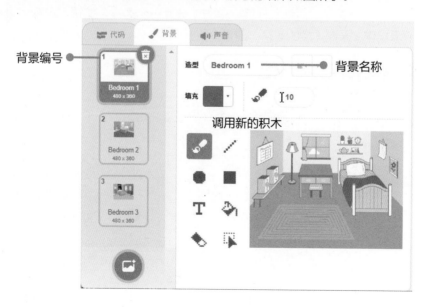

　　算法设计　本案例要实现随机出现图书并介绍的效果，因此使用的程序主结构是循环。解决问题的思路如图所示。

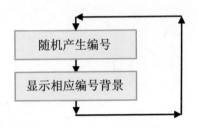

3. 实践应用 🍸

　　制作背景造型　单击"绘制背景"按钮，打开从网上下载的图片文件，按图所示使用文本工具添加相应文本，制作图书《爱的教育》背景图片，如图所示。

　　录制声音文件　选中"声音"标签，单击"选择一个声音"按钮，选择"录制"命令，按图所示操作，录制《爱的教育》图书介绍并保存。

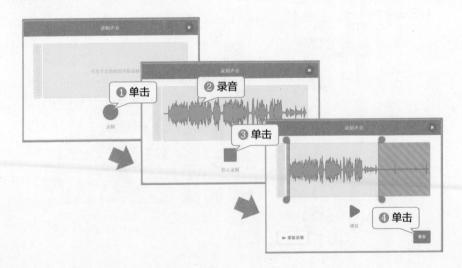

　　制作背景的其他造型及声音　用同样的方法，制作其他5本书对应的图片，以及声音介绍内容。

　　为角色"小猴子"添加代码　选择角色"小猴子"，为角色编写代码，实现角色的说话效果，参考如图所示。

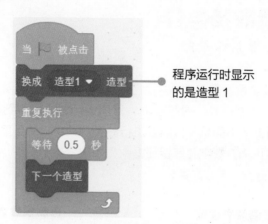

程序运行时显示
的是造型 1

　　为背景添加代码　选择背景，编写的代码如图所示，在呈现图书文字介绍的同时，播放相应的语音介绍效果。

说明：这里使用的是默认的变量名称，用户也可以自己定义变量名称。

　　测试程序　运行程序，查看程序运行结果，是否与预计的效果一致。如果不一致，请将原因记录在下面的方框中，并修改代码。

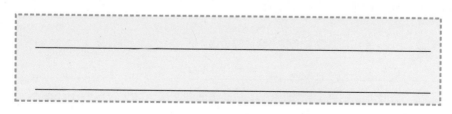

答疑解惑　在Scratch中，与角色有多个造型一样，背景也可以有多个，每个背景均有编号或名称，在编写代码时，可以通过使用积木获取相应背景的编号，操作与之对应的背景。

案例 103 奇数偶数我会分

案例知识：修改拖动模式

小明的弟弟正在学习奇数与偶数，为了检查弟弟的学习成果，小明设计了一款小游戏，可对已有的数字进行奇、偶数分类。程序运行时，可看到舞台上分别标着"奇数""偶数"两个方框，下面是一排需要进行分类的数字，使用鼠标拖动数字到方框中进行分类，如果分类正确，数字会停留在框中；如果分类不正确，会出现分错的提示，直到完成所有数字的分类，游戏结束。

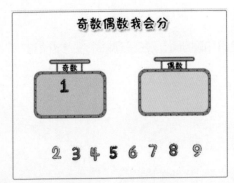
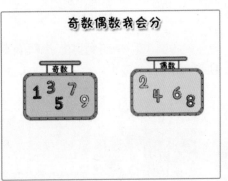

1. 案例分析

本案例为设计一个分辨奇偶数的游戏，其中的角色比较多，不适合使用复杂的背景，仅提供文字提示"奇数偶数我会分"的纯白色图片即可。角色需要标有"奇数""偶数"的方框，以及需要区分的数字。

想一想

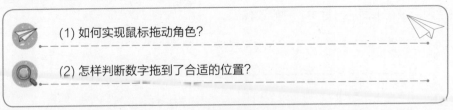

(1) 如何实现鼠标拖动角色？

(2) 怎样判断数字拖到了合适的位置？

理一理　在Scratch中，可以通过什么方法控制角色移动？本游戏中的角色，哪些是可以移动的，哪些不可以移动？请在下图列出的角色中标出来。

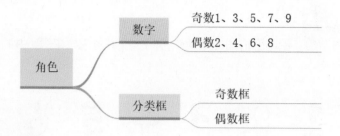

2. 案例准备

选择积木　选中角色"小猫"，分别添加如图所示的代码，测试在全屏模式下角色的移动情况，测试后完成练习。

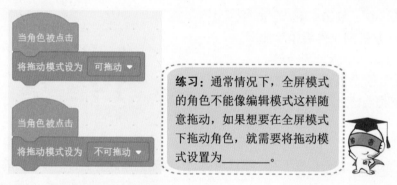

练习：通常情况下，全屏模式的角色不能像编辑模式这样随意拖动，如果想要在全屏模式下拖动角色，就需要将拖动模式设置为_____。

梳理思路　本案例要达到判断相应数字是奇数还是偶数的效果，在进行判断的过程中，需要设置判断条件。根据给定素材，设置判断奇数与偶数的条件，填写在右图的框中。

算法设计　将角色拖到相应的对象上，进行判断，然后进行分类操作，因此使用的程序结构是选择结构。解决问题的思路如下图所示。

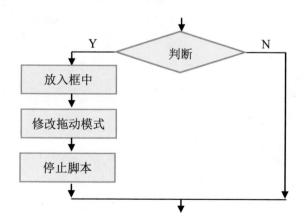

3. 实践应用 🏫

　　准备角色与背景　使用图形图像处理软件制作以下角色与背景,并将角色的背景设置为透明色。

　　添加角色　单击"选择角色"按钮,从素材文件夹中添加角色,效果如图所示。选择数字角色,将角色设置成合适的大小,并拖到适当位置。

　　编写角色1代码　选择角色1,编写参考代码,如图所示。实现角色放置在初始位置,以及拖动角色到奇数框上时,不能再拖动;拖动到偶数框上时,显示当前拖动的数是奇数。

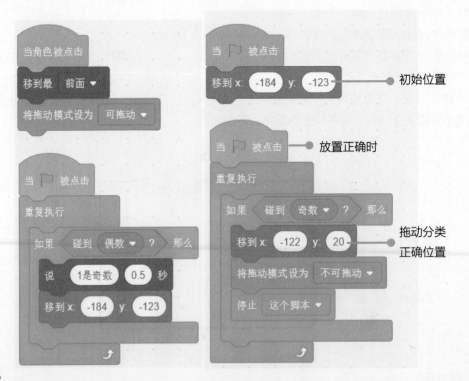

编写角色"2"代码 选择角色"2"，编写参考代码，如图所示。实现角色放置在初始位置，以及拖动角色到偶数框上时，不能再拖动；拖动到奇数框上时，显示当前拖动的数是偶数。

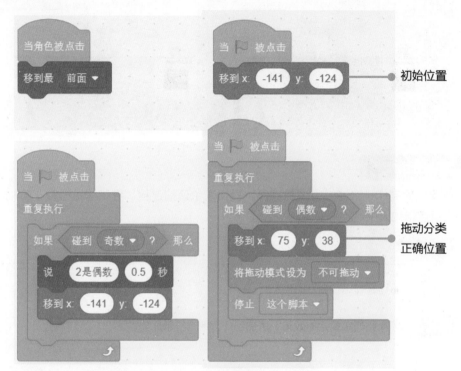

复制代码 将角色1和角色2的代码，分别复制到其他表示奇数、偶数的角色中，并修改相应的参数。

测试程序 运行程序，查看程序运行结果。

实践应用 用同样的方法，编写程序，实现用拖动法为垃圾分类的效果。

案例 104 食物诱捕灭害虫

案例知识：到鼠标指针的距离

大家都讨厌蚊子、苍蝇、蟑螂等害虫，它们爬过的地方会留下各种病毒，人们接触后可能会生病。下面我们尝试制作一个消灭害虫的小程序，使用诱捕的方式消灭害虫。程序运行时，用鼠标单击选择害虫喜欢的食物，靠近害虫，害虫会跟着食物移动，引诱害虫慢慢靠近灭虫灯，直到害虫被灭虫灯消灭。

1. 案例分析

本案例为制作一个消灭害虫的程序，模拟害虫诱捕过程。程序的核心在于食物与害虫的交互逻辑和灭虫灯的触发机制。

想一想

(1) 食物用什么方法控制？

(2) 如何实现诱捕效果？诱捕到什么地方显示成功？

理一理　游戏的效果是，游戏开始，食物放在桌子上，用鼠标单击食物，可以控制食物随鼠标移动，此时可以用食物去引诱害虫，当害虫接近灭虫灯时，会被消灭。

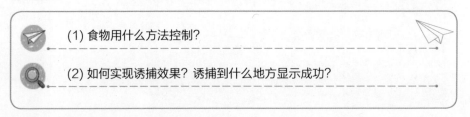

2. 案例准备

选择积木　选中角色小猫，在代码区添加如图所示的积木并单击，可查看角色到鼠标指针的距离。再在舞台上添加一个角色，修改下图中积木的参数，测试小猫到此角色的距离为_____。

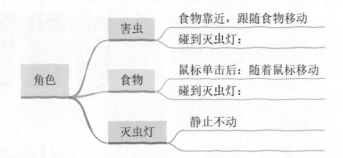

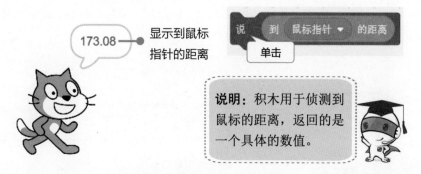

显示到鼠标指针的距离

说明：积木用于侦测到鼠标的距离，返回的是一个具体的数值。

算法设计　本案例中，害虫会出现在舞台的任何位置，而食物放在桌子上，用鼠标选中食物靠近害虫，害虫会跟随食物移动，达到诱捕的效果，因此使用的程序结构主体是循环。解决问题的思路如图所示。

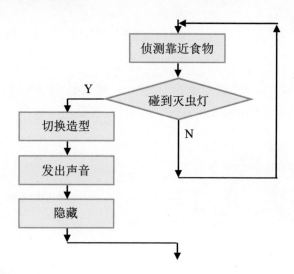

3. 实践应用

添加背景与角色　单击"选择角色"按钮，从背景库中添加厨房背景，从角色库与素材文件夹中添加角色，分别命名为"害虫""食物""灭虫灯"，删除默认角色"小猫"，效果如图所示。

编辑角色"害虫"造型　选择角色"害虫"，选择"造型"标签，添加害虫碰到灭虫灯时的造型，并添加声音效果，如图所示。

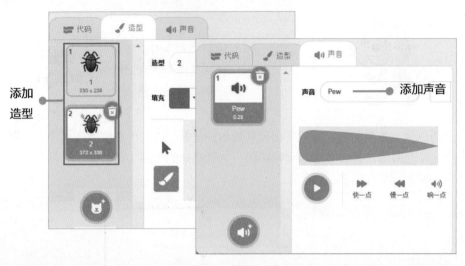

编辑角色"食物"代码　选择角色"食物"，编写相应参考代码，如图所示，食物的初始位置在桌面上，当鼠标单击食物时，可以拿起食物。

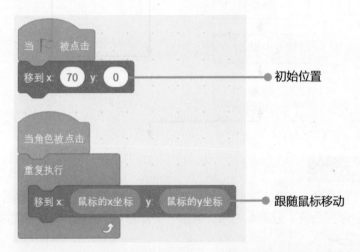

编写角色"害虫"代码　选择角色"害虫"，编写相应参考代码，如图所示，当食物靠近害虫时，害虫会受到引诱，跟着食物移动，当害虫碰到灭虫灯时会被消灭。

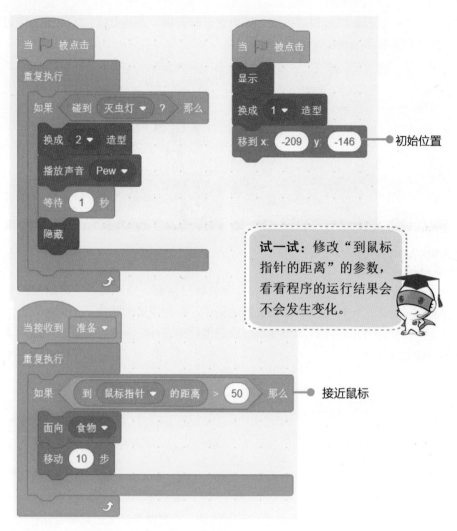

初始位置

试一试：修改"到鼠标指针的距离"的参数，看看程序的运行结果会不会发生变化。

接近鼠标

测试程序　运行程序，查看程序运行结果。

答疑解惑　在Scratch中，使用"侦测角色到鼠标指针的距离"积木，除了可以侦测到鼠标的距离，还可以侦测到角色的距离。当有多个角色时，则可通过积木中的下拉菜单选择角色进行侦测。

案例 105 **声控小猫跳跳乐**
案例知识：响度触发

为了训练小猫的灵活性，我们模仿马里奥游戏制作一个小程序。游戏设置在一条窄窄的小路上，小猫不能前后左右移动，只能原地跑步，当前方随机出现障碍物时，只能通过声音控制小猫跃起以躲过障碍物。如果避开障碍物，游戏继续；如果碰上障碍物，游戏结束，屏幕显示game over。

1. 案例分析

在马里奥游戏中，一般用键盘上的方向键与空格键，控制角色的奔跑与跳跃。在这个小游戏中，换了一种方法来控制小猫的动作，即用声音的响度。根据游戏的效果预设，除了考虑如何通过声音控制小猫跳跃躲避障碍物以外，还要考虑什么问题？请列举在下列横线上。

想一想

理一理　在Scratch中，实现角色跑动的方法，一是角色动，二是背景动。如果要实现本程序中的背景不动、角色运动的效果，应该如何设置，请思考后填写在下图中。

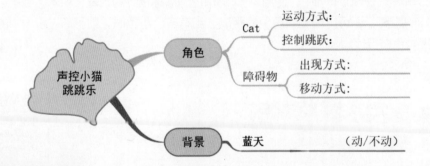

2. 案例准备

选择积木　在Scratch中，触发事件的方式可以是单击"绿旗"，也可以是接到某个消息，或是单击某个角色等。通过声音也可以触发事件，下面来试一试多大声音才能触发。

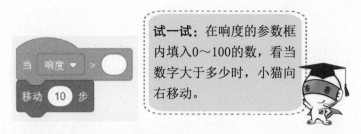

试一试：在响度的参数框内填入0～100的数，看当数字大于多少时，小猫向右移动。

算法设计　本案例要达到的效果是，小猫原地跑步，道路前方不断有障碍物出现，用声音控制小猫跳跃躲避障碍物，如果躲避开，游戏继续，否则游戏结束，因此使用的程序主体结构是循环。解决问题的思路如图所示。

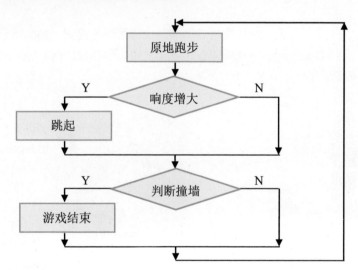

3. 实践应用

添加背景与角色　从背景库中添加蓝天背景，分别从角色库、素材文件夹中添加角色，并修改名称为"小猫""障碍物"，效果如图所示。

制作角色"游戏结束"造型　单击"选择一个角色"按钮，选择"绘制"命令，按图所示步骤，制作角色"游戏结束"的造型和样式。

编写角色"小猫"代码　选择角色"小猫"，编写参考代码，如图所示。实现小猫在原地跑步，听到声音会跳起躲避障碍物的效果；如果没有及时跳起碰到障碍物，则显示游戏结束的效果。

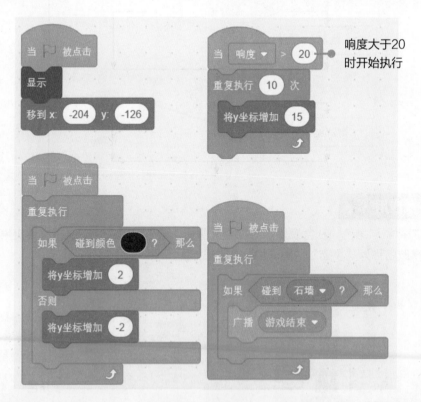

编写角色"障碍物"代码　选择角色"障碍物"，编写参考代码，如图所示，实现障碍物随机出现，并能向左移动的效果。

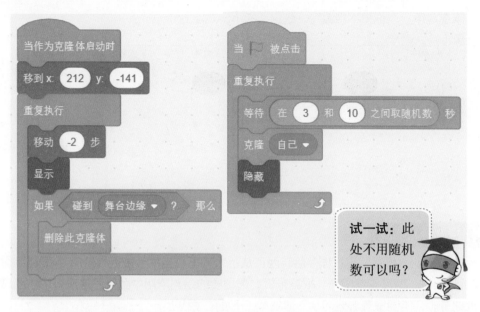

试一试：此处不用随机数可以吗？

编写角色"游戏结束"代码 选择角色"游戏结束"，编写参考代码，如图所示，实现当接到游戏结束消息时，舞台显示提示文字"游戏结束"的效果。

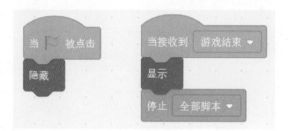

测试程序 运行程序，查看程序运行结果。

答疑解惑 "当响度大于……"积木的功能是，检测输入设备周围的声音响度大于一个值时，启动积木下方的代码，如果不满足时，停止执行。在Scratch中，可以通过单击绿旗、单击按钮、单击角色或者按下某个键启动相应代码，也可以通过声音的响度触发，但使用这个积木有前提条件，即计算机必须有声音输入设备。

案例 106

无影快手切西瓜

案例知识：视频侦测

一个一个西瓜从屏幕上方无规则掉落下来，不需要使用鼠标去接触西瓜，只需对着摄像头移动手臂、挥手作刀。随着"嚓、嚓、嚓"声，西瓜应声切开，露出红红的瓜瓤。每切中一个西瓜，就能让"武力值"上涨，当武力值达到一定值后，你将变成"无影高手高高手！"你想不想编写一款这样的小游戏呢？

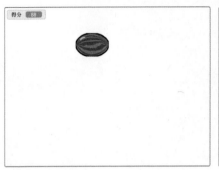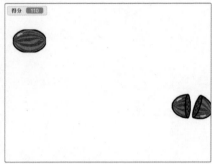

1. 案例分析 🪑

本案例的效果是，运行程序后，西瓜从上方落下，当挥手接近西瓜(不需要碰到屏幕上的西瓜)时，西瓜应声切开。根据分析，最重要的是判断切中西瓜还是没有切中西瓜。除此之外，还需要思考哪些问题？请填写在下面的横线上。

想一想

理一理　在本案例中，可以没有背景，角色只有掉落的西瓜，并且这些西瓜只有两种状态。请思考西瓜的状态，填写在图中。

西瓜

切换造型
发出声音
计数器增加

克隆西瓜
西瓜下落

2. 案例准备 📐

选择积木　在Scratch中，摄像头模块共有4个积木，选择"开启摄像头"积木与"将视频透明度设为……"积木，如图所示，添加以下代码，修改参数并运行。可知：将视频透明度设为_____时，看不见视频。如果需要关闭摄像头，应如何编写代码？

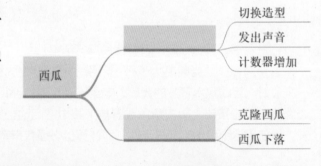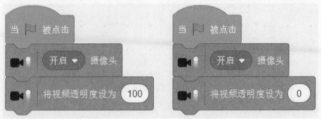

　　算法设计　本案例要达到的效果，是西瓜一一掉落，用手切西瓜，西瓜裂开并发出提示音，因此使用的程序结构是循环。解决问题的思路如图所示。

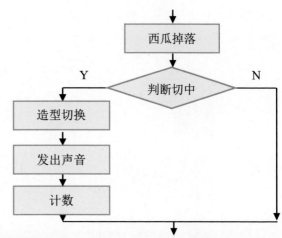

3. 实践应用

　　添加角色"西瓜"　单击"选择角色"按钮，从角色库中选择Watermelon，修改角色的名称为"西瓜"，以及造型的名称为"西瓜1""西瓜2"。删除角色的第3个造型与原来的声音，按图所示操作，为角色添加新的声音效果。

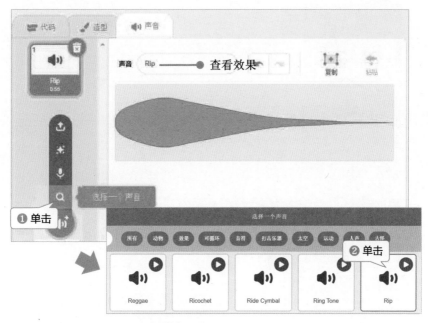

　　编写"背景"代码
　　选择背景，编写参考代码，如图所示，实现摄像头的开启，并将视频设置成透明。

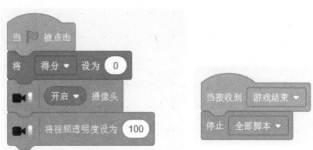

编写角色"西瓜"代码 选择角色"西瓜",编写参考代码,如图所示,实现西瓜能随机下落,被手切中后,会应声而开的效果。

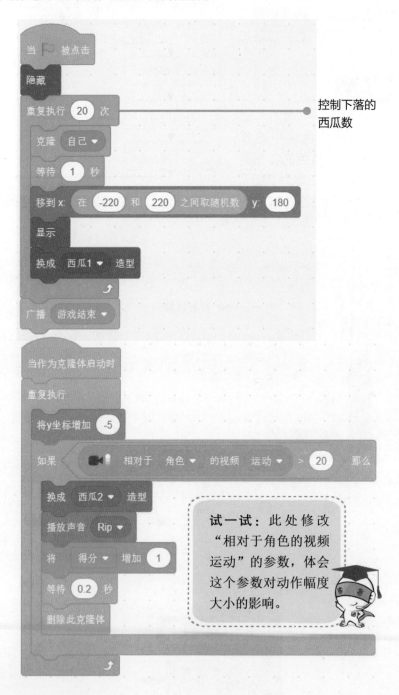

控制下落的
西瓜数

试一试:此处修改"相对于角色的视频运动"的参数,体会这个参数对动作幅度大小的影响。

测试程序　运行程序，查看程序运行结果。如果需要对所切西瓜进行计分，达到一定分值时，显示"你已是无影高手高高手！"，则程序应该如何修改，请修改程序后运行，并将代码填写在下列方框内。

答疑解惑　如何完成碰到手的判断，除了本案例中介绍的方法，还可以用"侦测模块"中的"碰到颜色"积木。具体做法是开启摄像头，再用吸管提取出手上的颜色，当角色"西瓜"碰到手的颜色，表示切中西瓜，当没有识别碰到手的颜色，西瓜则继续下落，一直到舞台边缘。要注意，衣服和背景的颜色与手的颜色要有较大差别。

案例 107　**规则图案自动画**
案例知识：制作积木

随着计算机技术的发展，我们现在可以使用绘图软件来轻松绘制数字图案，这些作品不仅便于传输，还易于分享。然而，使用计算机绘图软件通常需要一定的绘画基础。在Scratch这样的编程环境中，即使没有绘画基础，也可以利用绘图积木来编写代码，自动、重复绘制图形。请尝试运用Scratch绘制六个菱形，并组成一个规则的图案。

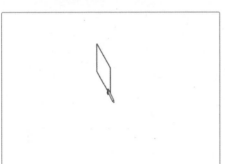
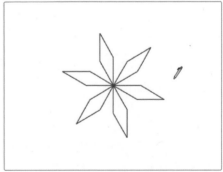

1. 案例分析

本案例需要绘制一个由六个菱形组成的图案，在Scratch中绘制图案，可以有很多方法，如采用顺序结构，一笔一笔地画，也可以先绘制一个菱形，再用循环来实现。

想一想

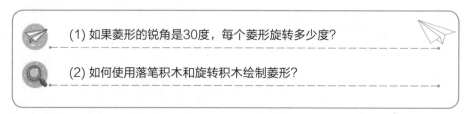

(1) 如果菱形的锐角是30度，每个菱形旋转多少度？

(2) 如何使用落笔积木和旋转积木绘制菱形？

理一理　绘制菱形，需要确定一些参数，如菱形的边长、各角度数等。请根据自己的想法，认真思考后在横线上填写合适的数字，设计一个菱形。

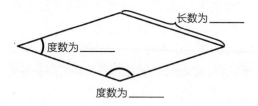

长数为＿＿＿＿＿

度数为＿＿＿＿＿

度数为＿＿＿＿＿

2. 案例准备

选择积木　按图所示操作，使用自制积木模块的"制作新的积木"选项，创建一个一个新积木。

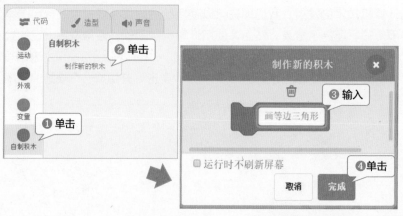

梳理思路　在Scratch中，用积木绘制图形，需要用到落笔、设置颜色等积木。在已经落笔的基础上，请根据要求填空，绘制一个菱形。

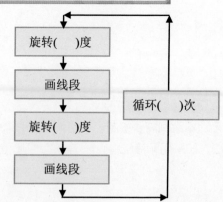

　　算法设计　仔细分析图案的组成，包括6个菱形图案，每绘制一个菱形就旋转一定的角度，重复6次。图案绘制的算法描述如图所示，请根据自己的理解，在空白处填写合适的数字。

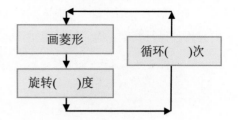

3. 实践应用

　　添加角色　从素材库中添加角色，并命名为"笔"，删除默认角色"小猫"。

　　认识画纸　舞台的坐标如图所示，请在?标注的横线上填写相应的坐标，思考如果将图案画在纸张的正中间，应该从什么地方开始画？

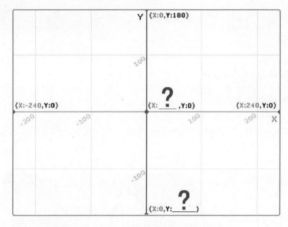

　　绘制菱形积木　选择角色"笔"，创建新积木"画菱形"，并在积木中编写相应代码，如图所示。

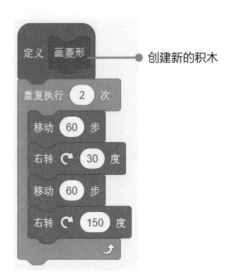

创建新的积木

调用菱形绘制图案　如图所示，如果不使用"全部擦除"积木，修改旋转的度数，并将程序运行两次，得到的结果是什么？

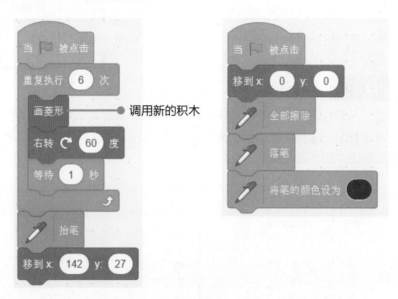

调用新的积木

巩固练习　能不能使用同样的方法编写程序，绘制出以下的图形？

案例 **108** **限时抢收红苹果**
案例知识：计时器

秋天到了，树上挂满了红通通的苹果，为了提高采摘苹果的速度，果农们组成了两个代表队"红队"与"蓝队"，采用比赛的方式进行抢收。我们可以编写一个程序，模仿这个抢收过程，当红苹果随机从上方落下时，红队与蓝队分别用键盘上的按键控制果篮在水平方向移动，接住掉下来的苹果，在限定的时间内，统计红队与蓝队谁接到的苹果多，接到多的一方获胜。

1. 案例分析

本案例为制作一个双人游戏，在规定时间内比赛接到的苹果个数。游戏中包含3个角色，分别代表"红队"的果篮、代表"蓝队"的果篮，以及随机掉落的红色苹果。

想一想

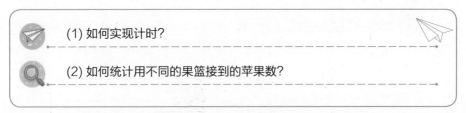

(1) 如何实现计时？

(2) 如何统计用不同的果篮接到的苹果数？

理一理　本案例中除了背景与角色，还需要用到变量，请根据游戏效果完成下图的填写。

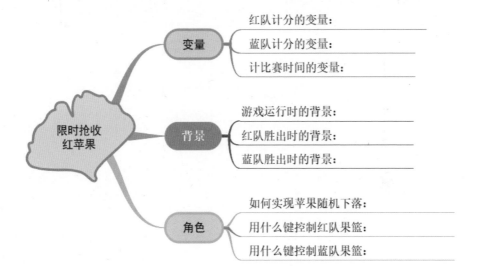

2. 案例准备

选择积木 运行如下程序，思考计时器的效果，将思考的结果填写在右侧的横线处。

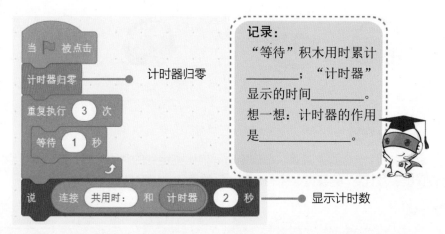

计时器归零

记录：
"等待"积木用时累计_____；"计时器"显示的时间_____。
想一想：计时器的作用是_____。

显示计时数

算法设计 本案例要达到的效果为：在规定的时间内，两队用不同的果篮，去接随机下落的苹果，分别计数来判断胜负。角色"苹果"的算法思路如图所示。

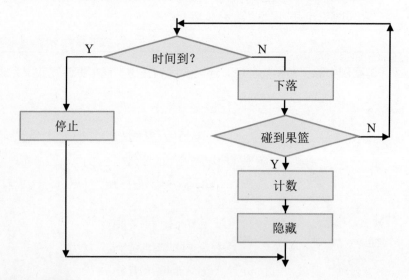

3. 实践应用

添加角色 分别从素材库及素材文件夹中添加角色，并修改角色的名称为"苹果""红队果篮""蓝队果篮"，删除默认角色"小猫"；选中背景造型标签，在原来白色背景的基础上添加2个造型，分别输入文字"红队胜""蓝队胜"，效果如图所示。

新建变量 分别建立两个名为"红队"与"蓝队"的变量，变量及要用到的相关积木如图所示。

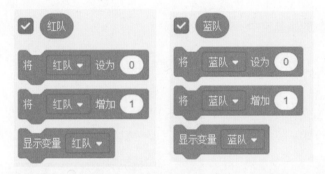

编写角色"红队果篮"代码 选择角色"红队果篮"，编写参考代码，如图所示，实现按a键控制角色向左移动，按s键控制角色向右移动。

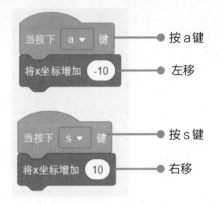

编写角色"蓝队果篮"代码 选择角色"蓝队果篮"，编写参考代码，如图所示，实现按k键控制角色向左移动，按l键控制角色向右移动。

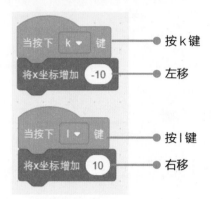

按 k 键
左移

按 l 键
右移

编写角色"苹果"代码 选择角色"苹果"，编写参考代码，如图所示，让苹果随机下落，被不同队的果篮接中，分别进行计分。

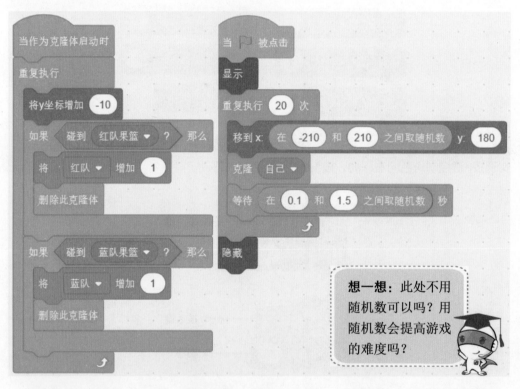

想一想：此处不用随机数可以吗？用随机数会提高游戏的难度吗？

编写角色"背景"代码 选择背景，编写参考代码，如图所示，实现红队得分高，显示红队胖；蓝队得分高，显示蓝队胖的效果。

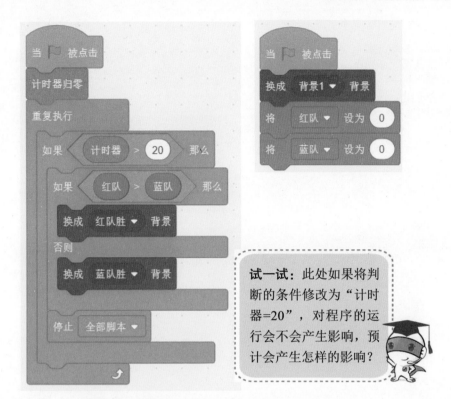

试一试：此处如果将判断的条件修改为"计时器=20"，对程序的运行会不会产生影响，预计会产生怎样的影响？

测试程序　运行程序，查看程序运行结果。

答疑解惑　使用计时器时需要注意，计时器从程序运行开始工作，一直到当前的时间。因此，在运行程序时，需要先对计时器进行初始化。